21世纪高等学校计算机教育实用规划教材

大学计算机实验教程

刘　琦　主编

清华大学出版社
北京

内容简介

“大学计算机”是高等学校本专业非计算机专业的一门公共基础课，本课程的目标是培养学生的计算思维能力，学生应用计算机解决在本领域中遇到的实际问题的能力。本书以计算思维统领全书，兼顾不同专业、不同层次学生对计算机知识的需求，最大限度地涉及更多更新的计算机知识。本书内容分为“实验与实践篇”和“练习与测试篇”。“实验与实践篇”共设计开发了21个实验，涉及演示验证性实验和实践性实验，给出了案例设计和实验作业。根据目前执行的最新“大学计算机”课程教学大纲，“练习与测试篇”给出了与《大学计算机》主教材章节内容相对应的练习与测试。

本书可作为高等学校非计算机专业初学者学习教材，也可以作为普通计算机用户及计算机爱好者的自学参考书。

图书在版编目(CIP)数据

大学计算机实验教程/刘琦主编. —北京：清华大学出版社，2019（2022.7重印）
（21世纪高等学校计算机教育实用规划教材）
ISBN 978-7-302-53849-3

Ⅰ. ①大… Ⅱ. ①刘… Ⅲ. ①电子计算机－高等学校－教材 Ⅳ. ①TP3

中国版本图书馆CIP数据核字(2019)第206686号

责任编辑：贾 斌
封面设计：常雪影
责任校对：李建庄
责任印制：丛怀宇

出版发行：清华大学出版社
网　　址：http://www.tup.com.cn，http://www.wqbook.com
地　　址：北京清华大学学研大厦A座　　**邮　　编**：100084
社 总 机：010-83470000　　**邮　　购**：010-62786544
投稿与读者服务：010-62776969，c-service@tup.tsinghua.edu.cn
质量反馈：010-62772015，zhiliang@tup.tsinghua.edu.cn
课件下载：http://www.tup.com.cn，010-83470236
印 装 者：北京鑫海金澳胶印有限公司
经　　销：全国新华书店
开　　本：185mm×260mm　　**印　　张**：10.25　　**字　　数**：251千字
版　　次：2019年10月第1版　　**印　　次**：2022年7月第3次印刷
印　　数：8101～11701
定　　价：29.00元

产品编号：084940-01

前　言

"大学计算机"是面向非计算机专业的公共基础课程。为了进一步推动高等学校计算机基础的教学改革与发展，深入贯彻教育部高等学校"大学计算机"课程教学指导委员会于2015年制定的《大学计算机基础课程教学基本要求》，我们组织多年从事计算机基础教学工作的教学团队编写此书，明确以计算思维为导向的改革方向，积极探索以提高学生计算思维能力为培养目标的教学内容改革，对教学内容进行了梳理、精简和更新。

本书分为"实验与实践篇"和"练习与测试篇"两部分。"实验与实践篇"共设计开发了21个实验，涉及演示验证性实验和实践性实验，给出了案例设计和实验作业。"实验与实践篇"分为6个章节，分别就操作系统、文字处理、电子表格处理、演示文稿制作、Access 2010数据库和计算机网络六部分内容给出案例设计和实验作业。通过实验作业，以问题为主拓展练习，引导学生总结和思考，强调自主学习和创新能力培养。既为兼顾计算机零基础的学生保留了办公软件实验，又补充了与新技术相关的实验；"练习与测试篇"根据目前执行的最新"大学计算机"课程教学大纲，安排了7个章节，用于巩固已学的基础知识和理论知识，全面覆盖课程知识点。

本书根据作者多年的教学经验，为提高教学实际效果，促进学生自主学习，提供了丰富的实践教学资源，包括：

(1) 二维码，可使用移动终端扫描观看实验演示视频、习题答案及解析等。

(2) 配套实验方案与详细的实验指导。

本书由刘琦主编，孙莹光、戴春霞、高晗、李耀芳、李玮、彭慧卿参编，戴华林、洪姣、于晓华等对全书的修改提出许多宝贵意见，在此一并表示感谢。深深感谢国内各高校的专家、同仁、一线教师给予的支持与帮助。

鉴于作者水平有限，时间仓促，书中难免有不足之处，恳请同行专家和读者批评指正。

作　者

2019年8月

目　录

实验与实践篇

练习与测试篇

实验与实践篇

第1章　操作系统

实验1-1　熟识操作系统及计算机配置

一、实验目的

(1) 学会正确执行计算机开、关机操作。

(2) 了解所用计算机安装的操作系统软件。

(3) 了解所用计算机的主机配置。

(4) 学会查看所用计算机的外部设备状况。

二、实验示例

【任务1】 启动计算机。

【要求】 熟悉开机过程，了解 Windows 7 系统由外存加载到内存、直到正常工作的流程。

【操作步骤】

(1) 依次打开显示器、主机电源开关，注意观察启动过程和屏幕上显示的信息。

(2) 计算机进入自检程序，检查硬件系统是否正常。如果自检通过，则继续执行下一步操作，如果自检没有通过，请向实验教师报告。

(3) 如果设置了开机密码，则在“密码”输入框中输入正确的密码，然后单击进入按钮或按 Enter 键。

(4) Windows 7 系统进入自启动过程，启动完成后，出现 Windows 7 桌面。

☞**提示**：Windows 操作系统的运行分为正常模式和安全模式。其中，安全模式是操作系统用于修复系统错误的专用模式，是一种不加载任何驱动的最小系统环境，用安全模式启动计算机，可以方便用户排除问题、修复错误。

【任务2】 了解所用计算机的配置情况。

【要求】

(1) 查看操作系统软件的组成。

(2) 了解所用计算机的 CPU 型号、内存容量等计算机基本信息。

(3) 进入“设备管理器”窗口，查看本机设备配置情况。

【操作步骤】

(1) 依次双击桌面上“计算机”图标、“C 盘”“Windows 文件夹”，即可看到操作系统软件包含的内容。

(2) 右击桌面上“计算机”图标→单击“属性”,打开“属性”窗口,查看并记录本机 CPU 型号、内存容量、操作系统的版本号和系统类型(32 位或 64 位)等基本信息。

(3) 选择“开始”→“控制面板”→“硬件和声音”→“设备管理器”,查看是否有不可用的设备,如果有,尝试修复。关注并记录“键盘”和“网络适配器(网卡)”的状态信息及驱动程序。

☞**提示**:通常,设备管理器窗口中各设备前面的彩色符号表明设备的工作状态。

- 红色的叉号说明该设备已被停用,这时右击该设备,从快捷菜单中选择“启用”命令就可以了。
- 如果黄色的问号或感叹号,前者表示该硬件未能被操作系统所识别,后者表示该硬件未安装驱动程序或驱动程序安装不正确,可以右击该硬件设备,选择“卸载”命令,然后重新启动系统,大多数情况下系统会自动识别硬件并自动安装驱动程序。

【任务 3】 关闭计算机。

【要求】 关闭计算机,了解“关机”“注销”“重启”“睡眠”等选项的功能。

【操作步骤】

(1) 保存各个窗口中需要保存的数据。

(2) 关闭所有打开的窗口。

(3) 单击任务栏上的“开始”按钮,在弹出的“开始”菜单中,单击“关机”按钮。

如需要重新启动计算机或执行注销等操作,可将鼠标指针移到“关闭”按钮右侧的三角形按钮▸上,弹出“关机”的级联菜单,如图 1-1 所示,选择相应的选项即可执行相应的操作。

☞**提示**:

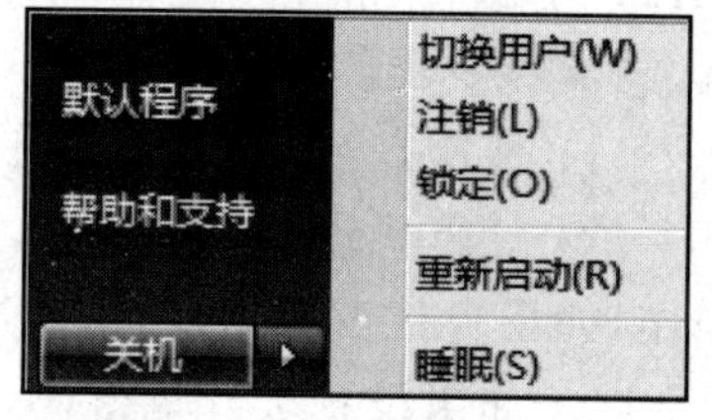

图 1-1 “关机”的级联菜单

- 切换用户:当一台计算机添加了多个用户时,使用此功能会将前一个用户的工作转入后台。
- 注销:结束当前用户的所有工作。
- 锁定:用户暂时离开计算机又不想让别人对系统进行操作时,可使用此功能。再次进入时,须输入登录密码。
- 重新启动:当遇到某些故障时,可使用此功能。但是,如果出现死机,须强行关闭计算机,即关闭电源。
- 睡眠:它是一种节能状态,Windows 7 会将当前打开的文档和程序保存到内存中,使 CPU、硬盘等处于低能耗状态。恢复时只需要单击鼠标左键。

(4) “关机”之后,再关闭打印机和显示器等外部设备的电源开关。

三、实验作业

(1) 查看办公软件 Office 的组成。

(2) 在计算机的 USB 口插上 U 盘,查看该设备的状态信息。

(3) 如有可能,在自己的计算机上安装或升级 Windows 系统。

实验 1-2　文件及磁盘管理

一、实验目的

（1）熟悉“计算机”的使用。

（2）了解树形文件组织结构。

（3）掌握文件和文件夹的操作。

（4）掌握磁盘管理方法。

二、实验示例

【任务 1】 浏览“本地磁盘(C:)”(以下简称 C 盘)中的文件和文件夹。

【要求】

（1）浏览 C 盘，查看 C 盘的总容量、可用空间和已用空间。

（2）设置在同一窗口中打开每个文件夹或在不同窗口中打开不同的文件夹。

（3）分别以小图标、列表、详细信息、内容等方式浏览计算机 C 盘上的内容。

（4）分别按名称、大小、类型和修改时间对 C 盘内容进行排序，观察不同排序方式的区别。

【操作步骤】

浏览 C 盘内容并排列

（1）双击桌面上的“计算机”图标，在“计算机”窗口中单击“C 盘”，在“计算机”窗口的状态栏处查看并记录 C 盘的总容量、可用空间和已用空间。

（2）在“计算机”窗口，双击“C 盘”，选择“工具”选项卡下的“文件夹选项”，单击“常规”选项卡，即可选择“在同一窗口中打开每个文件夹”或“在不同窗口中打开不同的文件夹”。

（3）在“计算机”窗口，选择“查看”选项卡下的“小图标”，浏览当前窗口的内容。同样以“列表”“详细信息”“内容”等方式浏览。

（4）在“计算机”窗口，选择“查看”选项卡下的“排列方式”，单击“名称”和“递增”，对窗口内容按名称递增顺序排序。以同样方法体验其他排序方式。

【任务 2】 文件和文件夹的创建、移动、复制和更名。

【要求】

（1）在 D 盘根目录下建立名为 lx1 和 lx2 的两个文件夹。在 lx1 文件夹下，依次创建名为 jsj 和 tm 的两个子文件夹及名为 a. txt 的文本文档、名为 b. docx 的 Word 文档，如图 1-2 所示。

图 1-2　文件夹及文件结构

（2）复制 jsj 文件夹、b. docx 文件至 lx2 文件夹下。

（3）移动 a. txt 文件至 lx2 文件夹下。

（4）将 lx1 文件夹下 b. docx 文件更名为 abc. docx。

（5）截取当前屏幕图片，用“画图”程序以 xbb1 为文件名分别用 24 位位图、JPEG 和 GIF 文件类型保存在 lx1 文件夹下，观察文件大小。

【操作步骤】

(1) 创建文件及文件夹。

① 打开“计算机”窗口，在左侧导航窗格中单击“D盘”，右窗格中显示出D盘的所有内容。

文件及文件夹的创建

☞提示：可以选择以下三种方法之一创建文件夹或文件。

方法一：直接使用工具栏中的命令。

方法二：右击右窗格中的空白处，在快捷菜单中选择“新建”。

方法三：选择“文件”菜单→“新建”。

② 右击右窗格空白处，在快捷菜单中选择“新建”→“文件夹”，输入文件夹名 lx1，同样建立 lx2 文件夹。

③ 双击打开 lx1 文件夹，用上述方法建立 jsj 和 tm 子文件夹。依次选择“文件”→“新建”→“文本文档”，输入文件名“a”，单击窗口空白处或按 Enter 键确认。右击当前窗口空白处，选择“新建”→“Microsoft Word 文档”，输入文件名 b，按 Enter 键确认。

文件及文件夹的复制、移动及更名

(2) 在右窗格中，按 Ctrl 键的同时单击选中 jsj 文件夹和 b. docx 文件，按 Ctrl+C 组合键复制，打开 lx2 文件夹，按 Ctrl+V 组合键粘贴。

☞**提示1**：选中 jsj 文件夹和 b. docx 文件后，按 Ctrl 键的同时直接拖动到 lx2 文件夹，也可以实现复制。

☞**提示2**：文件和文件夹的复制与移动需要先选中，再操作。选中与撤销选中操作对象的方式如下：

- 选中单个操作对象：单击即可。
- 选中连续的多个操作对象：先选中第一项，按 Shift 键的同时单击最后一项；或拖动鼠标指针，在所要选中的对象外围画一个框即可。
- 选中不连续的多个操作对象：按 Ctrl 键的同时，单击要选中的项目。
- 选定窗口中的全部对象：按 Ctrl+A 组合键。
- 取消选中：单击选中对象以外的区域即可；如果要从已选对象中取消一个或多个，按住 Ctrl 键的同时，单击要取消的对象即可。

(3) 打开 lx1 文件夹，拖动 a. txt 至窗口导航窗格的 lx2 文件夹下。也可用快捷键实现移动，即选定 a. txt 文件，按 Ctrl+X 组合键剪切，打开 lx2 文件夹，按 Ctrl+V 组合键粘贴。

(4) 打开 lx1 文件夹。以下方法可实现文件更名，同样适用于文件夹更名。

方法一：右击 b. docx，在快捷菜单中选择“重命名”命令，更名为 abc. docx。

方法二：连续两次单击 b. docx 文件名，中间间隔几秒，文件名处变为可编辑状态后，更名为 abc. docx。

截取屏幕图片并保存

(5) 屏幕截图分为全屏截图和活动窗口截图。

① 按下 PrtSc 键(如果要将活动窗口截图，按 Alt+PrtSc 组合键)。

② 打开“画图”窗口：依次选择“开始”→“程序”→“附件”→“画图”。

③ 按 Ctrl+V 组合键或右击“画图”窗口编辑区，在快捷菜单中选择“粘贴”。

④ 单击“画图”窗口左上角图标右侧的箭头，弹出列表，单击“保存”按钮，保存位置选择 D:\lx1，文件名处输入 xbb1，保存类型分别选择“24 位位图”JPEG 和 GIF，保存为 3 个文件，如图 1-3 所示。

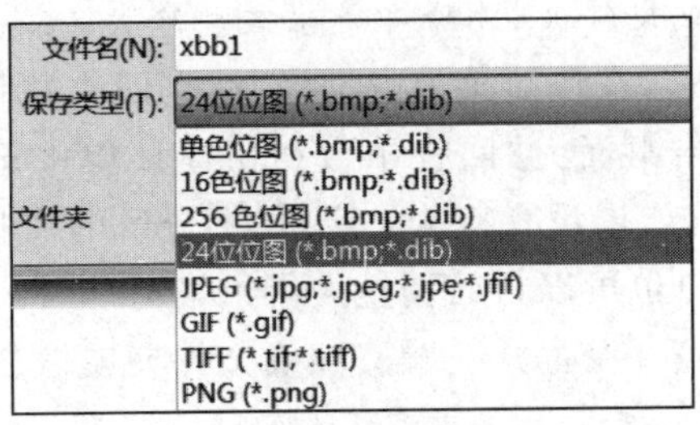

图 1-3　画图程序文件保存类型

☞**提示**：观察 3 个文件的大小、压缩比和质量。24 位位图是没有压缩的原始图像，JPEG 和 GIF 是压缩的图像，观察 JPEG 和 GIF 图像是否失真。压缩比是指 JPEG 和 GIF 文件与 24 位位图相比的压缩比率。

【任务 3】　在桌面上建立快捷方式(以下练习分别介绍创建快捷方式的三种操作方法)。

【要求】

(1) 为"Windows 资源管理器"建立一个名为"资源管理器"的快捷方式。

(2) 为 D 盘建立快捷方式。

(3) 为"记事本"建立快捷方式。

在桌面上建立快捷方式

【操作步骤】

(1) 依次单击"开始"→"所有程序"→"附件"，右击"资源管理器"，在快捷菜单中选择"发送到"→"桌面快捷方式"。

(2) 双击桌面上的"计算机"图标，右击"D 盘"，在快捷菜单中选择"创建快捷方式"。

(3) 右击桌面空白处，选择"新建"→"快捷方式"→"浏览"，选择"C:\Windows\notepad.exe"，单击"下一步"按钮更改快捷方式名称为"记事本"。

【任务 4】　文件和文件夹的删除，回收站的使用。

【要求】

(1) 删除 D 盘中的"lx1"下的"tm"文件夹。

(2) 恢复刚刚被删除的"tm"文件夹。

(3) 永久删除"tm"文件夹。

(4) 清空回收站。

(5) 设置各个驱动器的回收容量。

文件和文件夹的删除与恢复

【操作步骤】

(1) 依次双击桌面上的"计算机"图标、"D 盘"、lx1 文件夹，单击选中 tm 文件夹，按 Delete 键或右击 tm 文件夹，在快捷菜单中选择"删除"，将其删除至回收站。

(2) 双击打开桌面上"回收站"窗口，选中 tm 文件夹，右击，在快捷菜单中选择"还原"。

(3) 再次选中 tm 文件夹，按 Shift+Delete 组合键，将其永久删除。

☞**提示**：

- 对于硬盘上的文件或文件夹，删除是送进回收站，如果回收站没有被清空，则可以恢复。如果在删除的同时按下 Shift 键，则永久删除，不进回收站。

• 对于U盘上的文件或文件夹，删除即是永久删除。

(4) 右击桌面上“回收站”，在快捷菜单中选择“清空回收站”。

回收站的清空与容量设置

(5) 右击桌面上“回收站”，在快捷菜单中选择“属性”，选中“C盘”，输入回收容量(如果没有特殊设定，每个分区的回收站最大容量是驱动器容量的10%，用户也可以自己调整大小)。

【任务5】 设置并查看文件或文件夹属性。

【要求】

(1) 将lx2文件夹下a.txt文件的属性设为“只读”。

(2) 将lx2文件夹属性设为“隐藏”。

(3) 在“文件夹选项”中，设置“不显示隐藏的文件、文件夹或驱动器”和“隐藏已知文件类型的扩展名”，观察lx2文件夹及lx1文件夹下的文件变化情况。

设置并查看文件或文件夹属性

【操作步骤】

(1) 打开lx2文件夹→右键单击a.txt文件→选择“属性”→勾选“只读”→单击“确定”按钮。

(2) 右击lx2文件夹→选择“属性”→勾选“隐藏”→单击“确定”按钮。查看lx2文件夹是否可见。

(3) 设置文件及文件夹“查看”方式。

① 用以下两种方法之一打开“文件夹选项”对话框。

方法一：依次单击“组织”按钮→“文件夹和搜索选项”。

方法二：依次单击“工具”菜单→“文件夹选项”。

② 单击“查看”选项卡→选中“不显示隐藏的文件、文件夹或驱动器”单选按钮，→勾选“隐藏已知文件类型的扩展名”复选框，如图1-4所示，单击“确定”按钮。

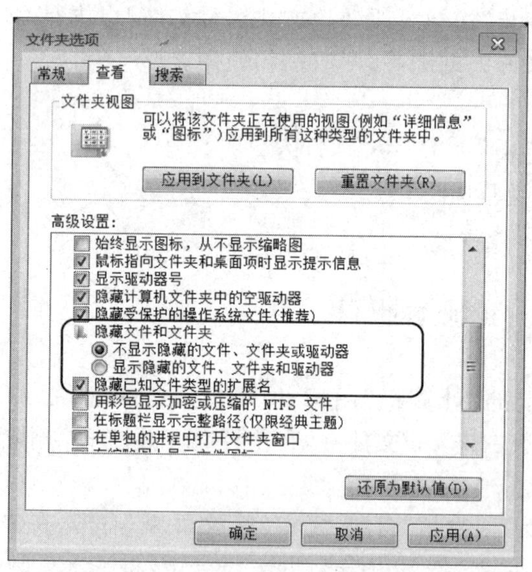

图1-4 文件“查看”属性设置

③ 查看已设置为隐藏属性的文件夹lx2是否可见，查看lx1文件夹下的文件扩展名是否可见。

【任务 6】 搜索文件或文件夹。

【要求】

(1) 在本机上搜索 calc. exe 文件,并查看其保存位置。

(2) 查找本机文件中含有文字 Windows 的所有文件。

(3) 查找 D 盘上文件名第 2 个字符为 b 的所有文件。

(4) 查找 D 盘上在本周内修改过的所有扩展名为 docx 的 Word 文件。

【操作步骤】

(1) 在“开始”菜单的“搜索程序和文件”框中输入 calc. exe,不用完全输入,即可自动搜索到 calc. exe 文件,右击 calc. exe,在快捷菜单中选择“属性”,查到文件位置为 C:\windows\system32。

在本机上搜索文件或文件夹

(2) 设置并查找含有某信息的文件。

① 打开“计算机”窗口→依次单击“工具”菜单→“文件夹选项”→“搜索”选项卡→选中“始终搜索文件名和内容”→单击“确定”按钮。

② 在“开始”菜单的“搜索程序和文件”框中输入 Windows 即可。

(3) 在“计算机”窗口的左窗格选中 D 盘,在窗口的右上角“搜索栏”中输入“?b*.*”。

在 D 盘上搜索文件或文件夹

☞提示:搜索时,可以使用符号“?”和“*”。“?”表示任意一个字符,“*”表示任意一个字符串。

(4) 在“计算机”窗口的左窗格,选中 D 盘,在窗口的右上角“搜索栏”中

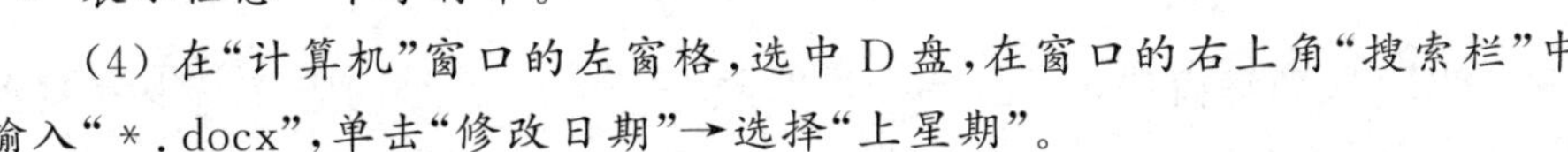

输入“*.docx”,单击“修改日期”→选择“上星期”。

【任务 7】 磁盘管理。

【要求】

(1) 观察并记录当前系统中磁盘的分区信息。

(2) 将 U 盘上所有文件和文件夹复制到硬盘,然后格式化 U 盘,并用自己的姓名设置卷标号,最后将文件复制回 U 盘。

(3) 启动“磁盘清理”程序,尝试对 C 盘进行清理,查看可释放的文件大小。

(4) 启动“磁盘碎片整理程序”,分析 C 盘,查看报告。

【操作步骤】

(1) 右击桌面上的“计算机”图标→选择“管理”→“磁盘管理”,填写表 1-1。

表 1-1 磁盘分区信息

存储器		盘符	文件系统类型	容量
磁盘 0	主分区 1			
	主分区 2			
	主分区 3			
	扩展分区			
磁盘 1	可移动磁盘			
CD-ROM				

(2) 按默认方式对 U 盘快速格式化。

① 在 D 盘新建文件夹 kk,将 U 盘上所有文件和文件夹复制到 D 盘 kk 文件夹中。

② 右击 U 盘,在快捷菜单中选择“格式化”,然后在卷标输入框内输入自己的姓名,观察格式化其他信息,最后单击“确定”按钮。

③ 将 D 盘 kk 文件夹中的内容复制到 U 盘。

☞提示:格式化 U 盘时,U 盘不能处于写保护状态,不能有打开的文件。

(3) 右击“C 盘”,在快捷菜单中选择“属性”→“常规”选项卡→“磁盘清理”,查看并记录下列可释放的文件大小。

① 已下载的程序文件:________ ② 脱机网页:________

③ Internet 临时文件:________ ④ 回收站:________

☞提示:一般来说,大学公共机房中计算机安装了写保护卡,不必进行清理。

磁盘碎片整理

(4) 右击“C 盘”,在快捷菜单中选择“属性”→“工具”选项卡→“立即进行碎片整理”→“删除设置”,可以先“分析磁盘”,也可以直接单击“整理磁盘碎片”。如果用户要定时进行磁盘碎片整理,可以单击“配置计划”,设置定时运行磁盘整理。

三、实验作业

(1) 打开“计算机”窗口,理解窗口中“◢”和“▷”,或“+”和“-”号的意义。观察磁盘的树形结构,练习展开和折叠操作。

(2) 将 C:\Windows 文件夹窗口中的图标以“列表”方式显示,并按“大小”排列图标。

(3) 查找计算机 C 盘上文件大小为 1～16MB 的文件。

(4) 在 D 盘创建一个名为 exam 的文件夹,执行如下操作:

① 查找本机 C 盘上“考试素材”文件夹(已提供),将其复制到 D 盘 exam 的文件夹下,在 exam 的文件夹下,将“考试素材”文件夹压缩为“考试素材.rar”文件。

② 在 exam 文件夹下创建名为 picture 的子文件夹和名为 p1.docx 的 Word 文档。

③ 打开“考试素材”文件夹下的“图片”文件夹,双击“高山.jpg”文件,打开该图片,截取当前屏幕画面作为图片保存在 p1.docx 文档中。

④ 移动 p1.docx 至 picture 文件夹下。设置文件 p1.docx 为“只读”和“存档”属性。

⑤ picture 文件夹更名为“图片”。删除“考试素材”文件夹。

⑥ 新建 Exam 文件夹的桌面快捷方式。

(5) 云盘(网盘)使用,要求如下:

① 查询百度网盘和 360 云盘的网址。

② 申请一个百度云盘。

③ 任意上传一个文件,最后以加密的形式分享出去。

④ 下载相邻同学以加密的形式分享的文件。

实验 1-3　控制面板的使用及个性化设置

一、实验目的

(1) 掌握 Windows 7 系统环境的个性化设置。

(2) 熟练掌握 Windows 7 控制面板的使用。.

二、实验示例

【任务 1】 桌面个性化设置。

【要求】

(1) 将桌面主题设置为：Aero 主题里的建筑；桌面背景图片设置为建筑的第三幅图片，图片位置设置为：拉伸；将“窗口颜色”设置为“天空”并启用“透明效果”。

(2) 屏幕分辨率调整为：1280×1024，DPI 缩放至 150%。

(3) 屏幕保护设置为：变幻线，等待 5 分钟，恢复时显示登录屏幕。

(4) 添加和删除桌面小工具。依次添加小工具“CPU 仪表盘”“日历”和“时钟”；删除小工具“CPU 仪表盘”。

(5) 启动“记事本”和“画图”程序，对这些窗口进行层叠、堆叠、并排显示。

【操作步骤】

(1) 设置桌面主题。

设置桌面主题

① 右击桌面空白处，在快捷菜单中选择“个性化”，打开个性化窗口。

② 在“个性化”窗口右侧主题列表中选择“Aero 主题(7)”中的“建筑”。

③ 单击“桌面背景”，在“图片位置(L)”下拉列表中选择“Windows 桌面背景”，图片选择“建筑”的第三幅图片。

④ 在“图片位置(P)”下拉列表中选择“拉伸”，单击“保存修改”按钮。

⑤ 在“个性化”窗口中，单击“窗口颜色”，选择颜色为“天空”，勾选“启用透明效果”，通过调节滑块来调节颜色浓度，单击“保存修改”按钮。

⑥ 关闭个性化窗口。

(2) 设置屏幕分辨率。

设置屏幕分辨率

① 右击桌面空白处，在快捷菜单中选择“屏幕分辨率”。

② 在“分辨率(R)”下拉列表中调整屏幕分辨率为 1280×1024。

③ 单击“放大或缩小文本和其他项目”，打开“显示”窗口→单击窗口左侧“设置自定义文本大小(DPI)”，弹出“自定义 DPI 设置”对话框→在“缩放为正常大小的百分比(S)”下拉列表中选择 150%，单击“确定”按钮。如果需要设置生效，需要注销或重新启动计算机。

(3) 右击桌面空白处，在快捷菜单中选择“个性化”→“屏幕保护程序”选项，在“屏幕保护程序设置”对话框中，选择“屏幕保护程序(S)”下拉列表为“变幻线”，设置“等待”为 5 分钟，勾选“在恢复时显示登录屏幕(R)”，单击“确定”按钮。

(4) 右击桌面空白处,在快捷菜单中选择“小工具”。依次双击“CPU 仪表盘”“日历”和“时钟”小工具,即可添加到桌面;右击桌面上“CPU 仪表盘”小工具,选择“关闭小工具”,即可删除。

(5) 单击“开始”→“所有程序”→“附件”,打开“记事本”和“画图”程序。右击“任务栏”空白处,依次选择“层叠窗口”“堆叠显示窗口”“并排显示窗口”。

☞**思考**:三种不同的窗口排列方式,适合在哪种情况下选用。

【任务 2】 任务栏设置。

【要求】

(1) 设置任务栏为“自动隐藏”,并“锁定任务栏”大小,将任务栏放置于桌面底端。

(2) 将“PPT”程序锁定到任务栏中。

(3) 任务栏上的通知区域设置。设置音量为“仅显示通知”,网络为“隐藏图标和通知”。

(4) 去掉任务栏上的时钟显示。

任务栏属性设置及程序锁定

【操作步骤】

(1) 右击任务栏空白处,在快捷菜单中选择“属性”→“任务栏”选项卡,勾选“自动隐藏”和“锁定任务栏”选项,选择“任务栏在屏幕上的位置”为“底部”。

(2) 打开“PPT”窗口,右击任务栏上的 PPT 图标,选择“将此程序锁定到任务栏”。

☞**提示**:右击任务栏上已锁定的 PPT 图标,选择“将此程序从任务栏解锁”,可解除 PPT 程序锁定。

任务栏通知区域设置

(3) 右击任务栏空白处→选择“属性”→单击“任务栏”选项卡中“通知区域”的“自定义...”,或单击任务栏通知区域左侧的上指白色小箭头▲→“自定义...”选项,打开“通知区域图标”窗口,在列表中将图标“音量”右侧的“行为”设为“仅显示通知”,将图标“网络”的“行为”设为“隐藏图标和通知”,单击“确定”按钮。

☞**提示**:单击通知区域左侧的上指白色箭头▲,显示出隐藏的图标,隐藏区域内任一图标可用鼠标拖动至任务栏显示区域进行显示,显示区域内的图标也可用鼠标拖动至隐藏区域进行隐藏。

(4) 右击任务栏空白处→选择“属性”→“任务栏”选项卡→“通知区域”的“自定义...”按钮→“打开或关闭系统图标”→将系统图标“时钟”的“行为”设为“关闭”。

【任务 3】 开始菜单设置。

【要求】

(1) 设置“存储并显示最近在「开始」菜单和任务栏中打开的项目”;设置“要显示的最近打开过的程序的数目”为 12 项。

(2) 设置电源按钮为“重新启动”。

开始菜单设置

【操作步骤】

右击“开始”→“属性”,打开“任务栏和「开始」菜单属性”对话框,如图 1-5 所示。

(1) 勾选“存储并显示最近在「开始」菜单和任务栏中打开的项目”,

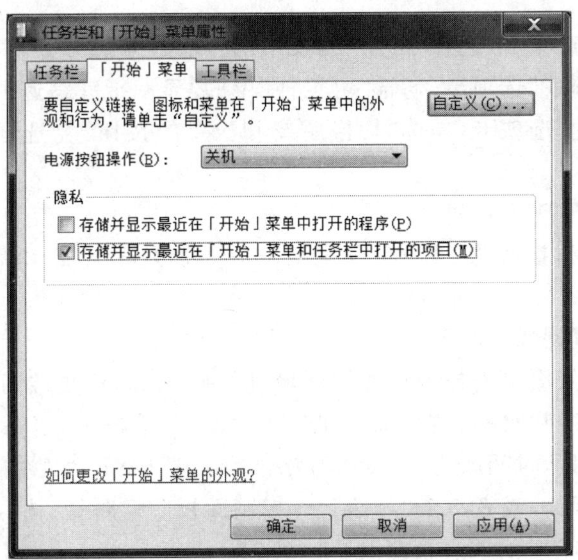

图 1-5 “任务栏和「开始」菜单属性”对话框

单击“自定义...”按钮，设置“要显示的最近打开过的程序的数目”为 12 项，单击“确定”按钮。

(2) 在“「开始」菜单”选项卡中，选择“电源按钮操作”下拉列表中的“重新启动”，单击“确定”按钮。

【任务 4】 鼠标属性设置。

【要求】

(1) 理解各种鼠标指针形状的含义，设置鼠标指针形状方案为“放大(系统方案)”。

(2) 设置“显示指针轨迹”。

(3) 设置鼠标键配置为“切换主要和次要的按钮”(左撇子习惯)。

【操作步骤】

依次单击“开始”→“控制面板”→“硬件和声音”→“设备和打印机”中的“鼠标”，打开“鼠标 属性”对话框，如图 1-6 所示。

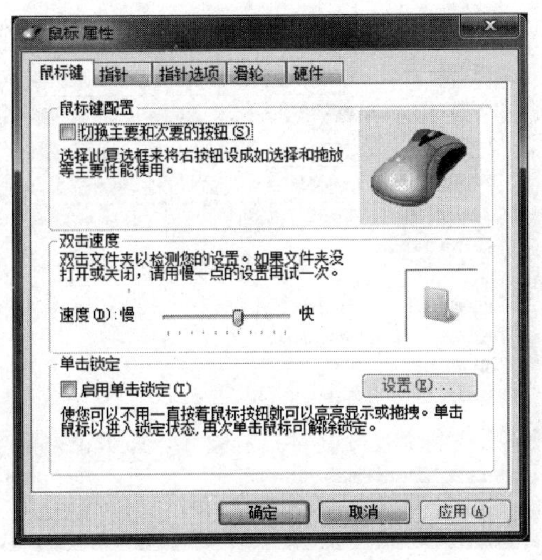

图 1-6 “鼠标 属性”对话框

(1) 单击"指针"选项卡,选择"方案"列表中的"放大(系统方案)"项。

(2) 单击"指针选项"选项卡,勾选"可见性"中的"显示指针踪迹"复选框。

(3) 单击"鼠标键"选项卡,勾选"切换主要和次要的按钮"复选框(如果不是左撇子,应去掉勾选)。

【任务 5】 设置日期和时间。

【要求】 将系统日期改为 2018 年 5 月 1 日,时间改为 8:08:08,再改回当前的正确日期和时间。

日期和时间设置

【操作步骤】

依次单击任务栏通知区域"时钟"图标→"更改日期和时间设置"→"更改日期和时间",在"日期和时间设置"对话框中,将系统日期改为 2018 年 5 月 1 日,时间改为 8:08:08,单击"确定"按钮,然后再改回当前的正确日期和时间。或者单击"开始"→"控制面板"→"时钟、语言和区域"→"日期和时间",打开"日期和时间"对话框进行修改。

【任务 6】 设置区域和语言选项。

【要求】

(1) 将短日期格式设置为 yyyy/M/d,短时间格式设置为 H:mm,一周的第一天设置为"星期日";在自定义格式中设置:货币符号改为"$"。

(2) 添加"中文(简体,中国)-简体中文双拼(版本 6.0)"输入法,将默认输入语言设置为"中文(简体,中国)-简体中文双拼(版本 6.0)"输入法,并在桌面上显示语言栏。

设置区域和语言选项

【操作步骤】

单击"开始"→"控制面板"→"时钟、语言和区域"→"区域和语言",打开如图 1-7 所示的"区域和语言"对话框。

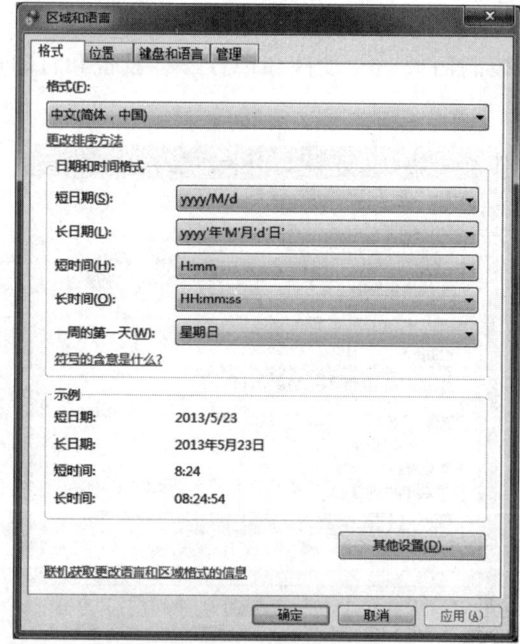

图 1-7 "区域和语言"对话框

(1) 在"格式"选项卡中,设置短日期为"yyyy/M/d",短时间格式为"H:mm",一周的第一天为"星期一";单击"其他设置"→"货币"选项卡,将货币符号改为"$"。

(2) 在"键盘和语言"选项卡中,单击"更改键盘",打开"文本服务和输入语言"对话框,如图 1-8 所示,在"常规"选项卡中,单击"添加"按钮,打开"添加输入语言"对话框,依次展开"中文(简体,中国)→"键盘",勾选"简体中文双拼(版本 6.0)"复选框,单击"确定"按钮,然后在"默认输入语言"下拉列表中选择"中文(简体,中国)-简体中文双拼(版本 6.0)"。在"语言栏"选项卡中,选中"语言栏"中"悬浮于桌面上"前面的单选项,依次单击"确定"按钮。

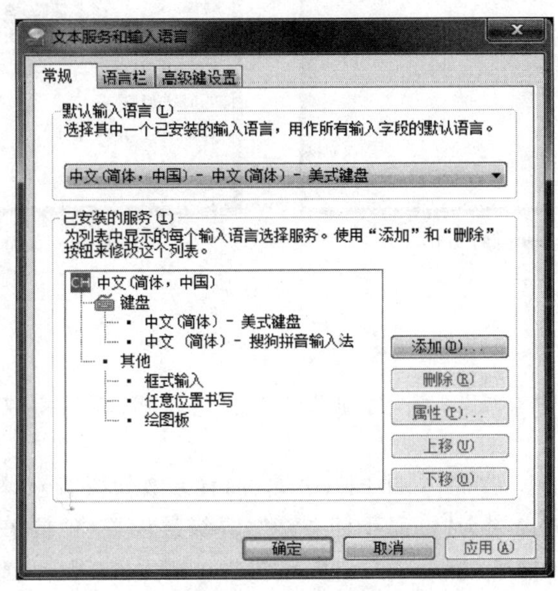

图 1-8 "文本服务和输入语言"对话框

【任务 7】 创建和管理账户。

【要求】

(1) 在计算机中添加一个新账户,名为 student,账户类型为"标准用户"。

(2) 授予 student 账户为管理员权限,并且用自己的学号设置密码。

【操作步骤】

依次单击"开始"→"控制面板"→"用户账户和家庭安全"→"添加和删除用户账户",如图 1-9 所示。

创建和管理账户

(1) 单击"创建一个新账户",输入新账户名 student,选定"标准用户"单选框,单击"创建账户"按钮。

(2) 在"管理账户"窗口中,单击新建的 student 账户,打开"更改账户"窗口,如图 1-10 所示,分别单击窗口左侧的每个链接可以设置或更改账户信息(名称、密码、类型等)。

☞**提示:** 右击"计算机"→"管理"→"本地用户和组"→"用户",右击"用户"也可创建新账户,设置账户信息。

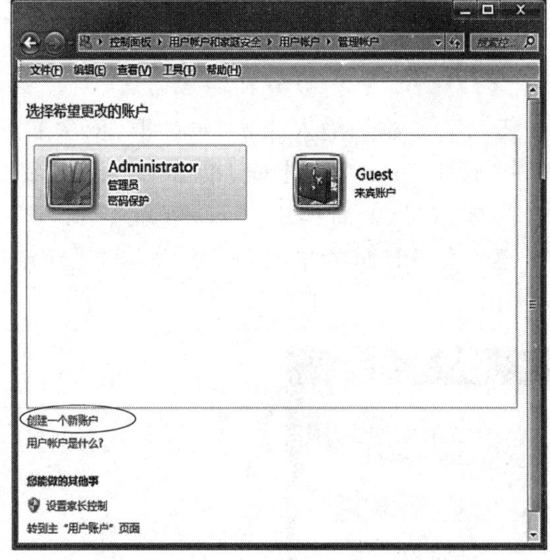

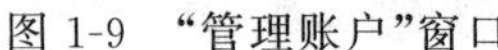
图 1-9 “管理账户”窗口

图 1-10 “更改账户”窗口

三、实验作业

(1) 将系统日期改为 2018/1/1,时间改为“上午 8:08:08”,再改回当前的正确日期和时间。

(2) 添加输入语言“中文(简体,中国)-中文(简体)-微软拼音新体验输入风格”,并设置为默认输入语言,语言栏设置为“停靠于任务栏”,高级键设置将“要关闭 Caps Lock”项设置为“按 Shift 键”; 其他设置中,货币小数位数设置为 3,货币数字分组设置为 123456,789,货币符号设置为¥,时间中的长时间格式设置为 tt hh:mm:ss,排序设置为“笔画”。

(3) 设置键盘属性,缩短重复延迟,提高重复率,减小光标闪烁频率。

(4) 桌面上若没有“计算机”“网络”“控制面板”图标,请完成设置(提示: 在桌面的快捷菜单中选择“个性化”完成)。

实验 1-4 程序及任务管理

一、实验目的

(1) 学会应用程序的安装与卸载。

(2) 熟练掌握任务管理器的使用。

二、实验示例

【任务 1】 安装与卸载程序。

【要求】

(1) 安装 Microsoft Visual C++ 6.0 程序。

(2) 通过控制面板卸载 Microsoft Visual C++ 6.0 程序。

【操作步骤】

(1) 从 Visual C++ 6.0 安装软件中,找到 AUTORUN. EXE 可执行文件,双击打开安装界面,如图 1-11 所示。

图 1-11 Visual C++ 6.0 安装界面

① 单击“中文版”按钮,按照安装向导开始安装,如图 1-12 所示。

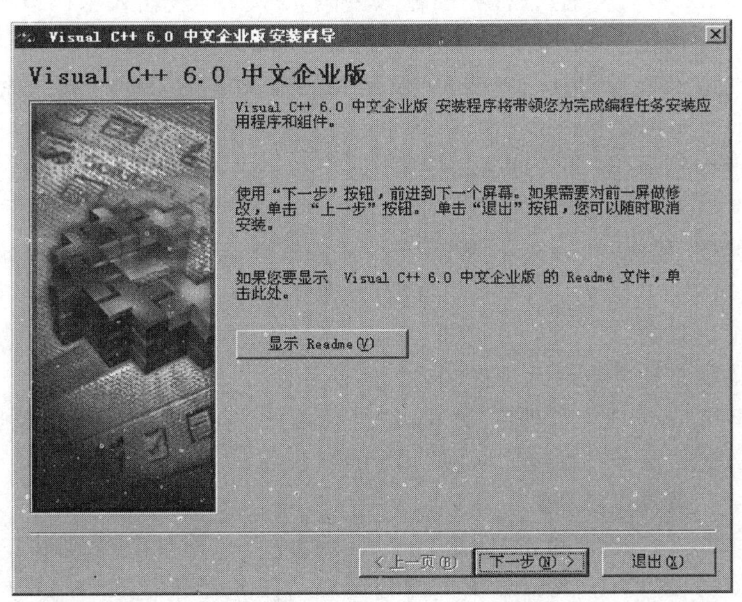

图 1-12 “Visual C++ 6.0 中文企业版 安装向导”对话框

② 安装选项设置：单击“下一步”按钮；选中“接受协议”单选项,单击“下一步”按钮；输入产品的 ID 号,单击“下一步”按钮；选中“安装 Visual C++ 6.0 中文企业版”单选项,单击“下一步”按钮；默认选择安装在 C:\Program Files\Microsoft Visual Studio\Common 文件夹下(也可单击“浏览”按钮,选择一个新位置),单击“下一步”按钮；依次选择“继续”→

“确定”→“否”→Typical→勾选“注册环境变量”→单击 OK 按钮。

③ 软件开始安装，安装过程中，建议：取消勾选“安装 MSDN”，取消勾选“现在注册”。成功安装后，单击“确定”按钮并运行程序。

☞**提示**：应用程序的安装通常从运行安装文件开始；安装中，需要注意提示信息并根据需求选择可选项。

(2) 通过控制面板卸载 Microsoft Visual C++ 6.0 程序。

依次单击“开始”→“控制面板”→“程序”→“程序和功能”，打开“程序和功能”窗口，在名称列表中选择 Microsoft Visual C++ 6.0，双击；依次选择“全部删除”→“是”→“重新启动 Windows”按钮，完成卸载。

【任务 2】 WinRAR 压缩程序的使用。

【要求】

(1) 若计算机没有安装 WinRAR，则下载并且安装。

(2) 应用 WinRAR 程序，将 D 盘下的 lx1 文件夹压缩并加密，压缩文件名为 lxlx，密码为 123。

(3) 将刚压缩的文件解压到同名文件夹中。

压缩与解压缩程序的使用

【操作步骤】

(1) 从正规网站下载 WinRAR 程序并安装到计算机中。

(2) 右击 lx1 文件夹→选择“添加到压缩文件(A)...”→输入文件名 lxlx→单击“输入密码”→输入密码 123 并再次输入密码以确认→单击“确定”按钮→“立即压缩”按钮。

(3) 右击 lxlx→选择“解压到当前文件夹(X)”→输入密码 123→单击“确定”按钮。

【任务 3】 Windows 任务管理器的使用。

【要求】

(1) 启动“画图”程序，然后打开“Windows 任务管理器”窗口，记录系统如下信息：

① CPU 使用率：________ ② 内存使用率：________

③ 系统当前进程数：________ ④ “画图”的线程数：________

⑤ 系统当前的总任务数及无法正常运行的任务数：________

(2) 通过“Windows 任务管理器”终止画图程序的运行(适用于关闭无响应程序)。

(3) 了解本机的“服务”“性能”“联网”和“用户”情况。

任务管理器的使用

【操作步骤】

(1) 依次单击“开始”→“所有程序”→“附件”→“画图”，打开“画图”程序；按 Ctrl＋Shift＋Esc 组合键启动任务管理器，如图 1-13 所示。按计算机当前运行情况填写上面数据。

① 通过状态栏或“性能”选项卡查看。

② 通过状态栏或“性能”选项卡查看。

③ 通过状态栏或“进程”选项卡查看。

④ 选择“进程”选项卡→“查看”菜单→“选择列”→勾选“线程数”，可查看“画图”进程划分的线程数。

图 1-13 “Windows 任务管理器”窗口

⑤ 选择“应用程序”选项卡,可查看系统当前的总任务数及无法正常运行的任务数。

(2) 选择“应用程序”选项卡→“画图”→“结束任务”或者选择“进程”选项卡→“mspaint.exe”进程→“结束进程”。

☞**提示**:在使用计算机的过程中,可能会遇到某个应用程序无响应情况(程序无法操作),通过正常的方法无法关闭该程序,这时,可使用任务管理器关闭该程序,维护系统正常运行。

(3) 依次查看“服务”“性能”“联网”和“用户”选项卡内容,了解本机的工作状态。

三、实验作业

(1) 从正规网站搜索并下载 QQ 程序或电脑版微信程序,练习安装及删除该程序。

(2) 观察并体会任务管理器“服务”“性能”“联网”“用户”选项卡的功能。

(3) 如果所用计算机已安装考试系统,练习启动该应用程序并通过关闭进程结束考试系统(提示:如果是“万维全自动网络考试系统”,则该进程为“K_CLIENT.EXE”)。

实验 1-5 计算机系统维护

一、实验目的

(1) 掌握 Windows 7 提供的系统维护功能。

(2) 学会管理自启动程序。

(3) 学会设置系统自动更新。

(4) 学会设置虚拟内存。

二、实验示例

【任务1】 管理自启动程序。

去掉不需要的自启动程序

【要求】 设置部分软件在开机时不自动启动。

【操作步骤】

(1) 单击“开始”菜单，在“搜索程序和文件”文本框中输入 msconfig，单击搜索到的 msconfig 文件，如图 1-14 所示。

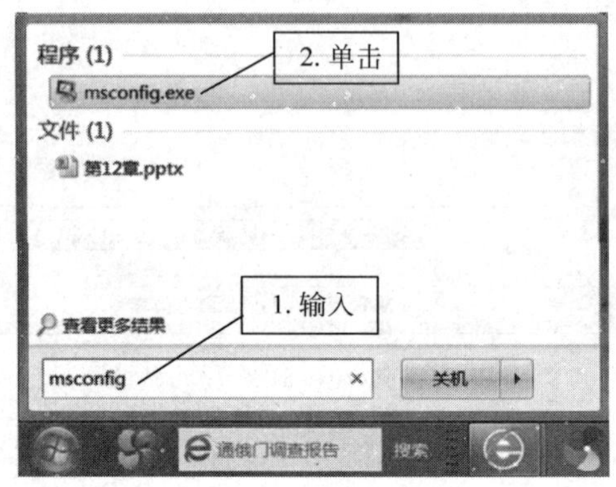

图 1-14 输入命令口

(2) 打开“系统配置”窗口，单击“启动”选项卡，撤销不随计算机启动的程序前的复选框，如图 1-15 所示，单击“确定”按钮。

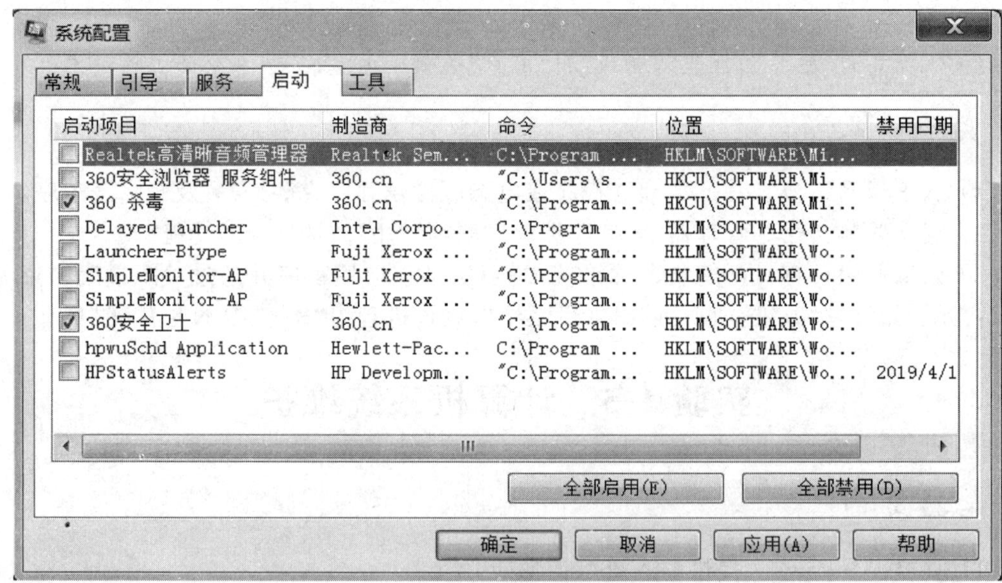

图 1-15 设置开机时不启动的程序

(3) 打开提示“需要重新启动计算机使设置生效”对话框，单击“重新启动”按钮。

☞**提示**：在安装软件时，有些软件会自动设置为随计算机启动时一起启动，如果随计算机启动的软件过多，开机速度会变慢，也会消耗过多的内存，此功能可实现取消不必要的自启动。

【任务 2】 设置系统自动更新。

【要求】 使用 Windows 更新功能检查并安装更新。

【操作步骤】

设置 Windows 自动更新

(1) 单击“开始”菜单→“控制面板”，打开“控制面板”窗口，在经典视图(小图标)的查看方式下单击 Windows Update 超链接，打开 Windows Update 窗口，单击左侧的“更改设置”，如图 1-16 所示。

(2) 打开“更改设置”窗口，在“重要更新”下拉列表框中选择“自动安装更新(推荐)”，其他保持默认设置不变，单击“确定”按钮，如图 1-17 所示。

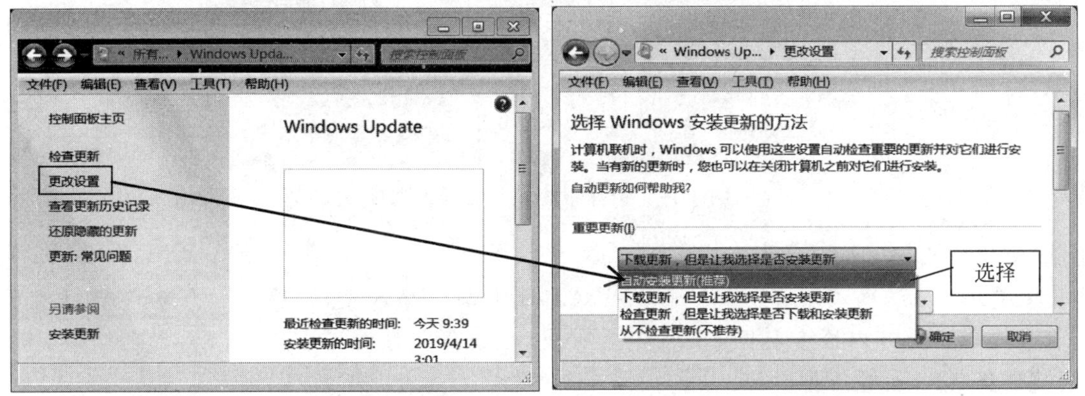

图 1-16　单击“更改设置”超链接　　　　图 1-17　设置更新选项

(3) 返回 Windows Update 窗口，自动检查更新，检查更新完成后，将显示需要更新内容的数量，如图 1-18 所示，单击“45 个可选更新可用”超链接。

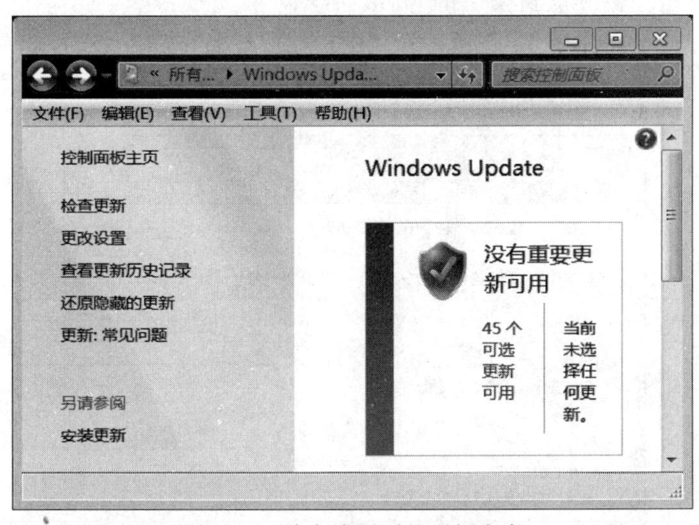

图 1-18　单击检测到的更新内容

(4) 打开“选择希望安装的更新”窗口，在其列表框中显示了需要更新的内容，勾选需要更新内容前面的复选框，单击“确定”按钮，如图 1-19 所示。

(5) 系统开始下载更新并显示进度，下载更新文件后，系统将开始自动安装更新。完成安装后，在 Windows Update 窗口中单击“立即重新启动”按钮，重启计算机后，在“Windows

图 1-19　选择希望安装更新的选项

更新"窗口中将提示成功安装更新。

☞**提示**：系统的漏洞容易让计算机被病毒或木马程序入侵，设置 Windows 7 系统提供的自动更新功能可以检索发现漏洞并将其修复，实现保护系统安全。

【任务 3】 设置虚拟内存。

【要求】 将 C 盘的一部分空间设置为虚拟内存。

虚拟内存设置

【操作步骤】

(1) 右击桌面上的"计算机"图标，选择"属性"命令，打开"系统"窗口，单击左侧导航窗格中的"高级系统设置"超链接。

(2) 打开"系统属性"对话框，单击"高级"选项卡→"性能"栏的"设置"按钮，如图 1-20 所示。

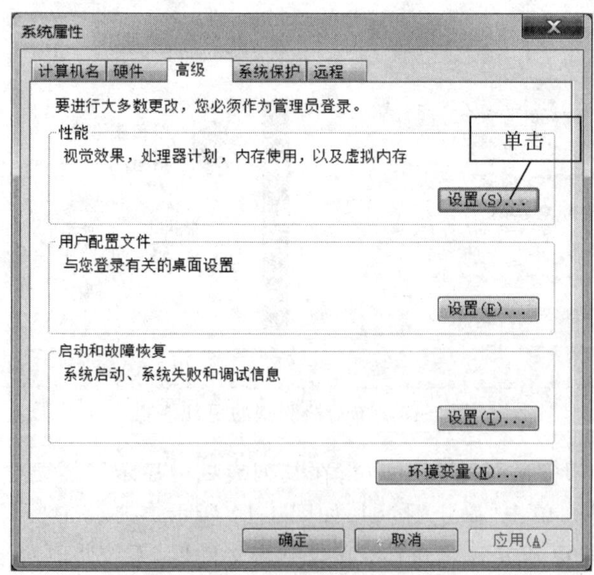

图 1-20　"系统属性"对话框

(3) 打开“性能选项”对话框，单击“高级”选项卡→“虚拟内存”栏中的“更改”按钮，如图 1-21 所示。

(4) 打开“虚拟内存”对话框，撤销选中“自动管理所有驱动器的分页文件大小”复选框，在“每个驱动器的分页文件大小”栏中选择“C:”选项。单击选中“自定义大小”单选项，在“初始大小”文本栏中输入 1000，在“最大值”文本框中输入 5000，如图 1-22 所示，依次单击“设置”按钮和“确定”按钮完成设置。

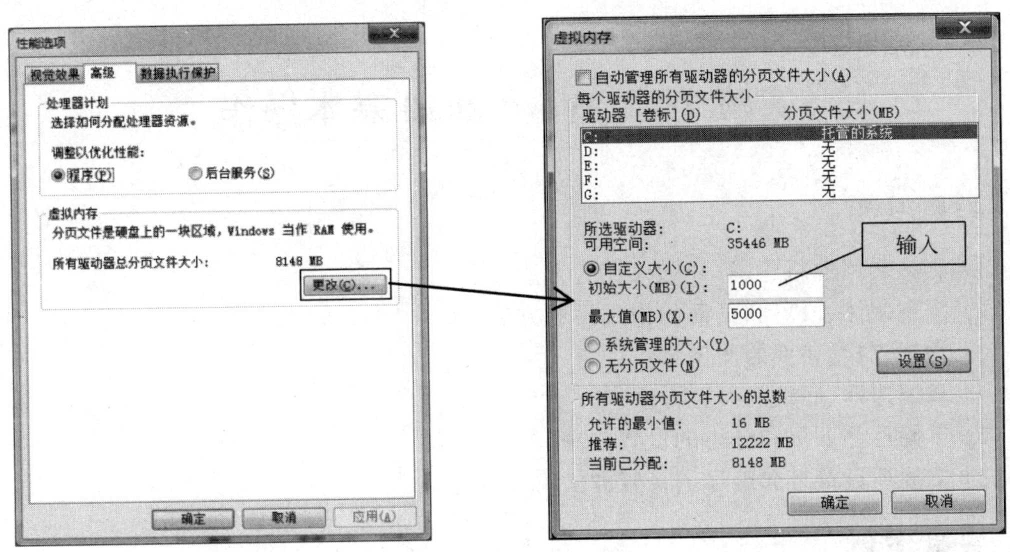

图 1-21 “性能选项”对话框　　　　图 1-22 设置 C 盘部分空间为虚拟内存

☞**提示**：当打开的计算机程序较多时，如果内存不足，会导致运行缓慢甚至死机。通过设置虚拟内存，将部分硬盘空间充当内存使用，可提高计算机系统性能。

三、实验作业

查找资料，了解更多系统维护的相关知识，学会查看并了解“注册表”信息。

第2章 文字处理

实验2-1 Word 2010基本操作

一、实验目的

（1）熟悉文档的新建、打开和保存的方法。

（2）掌握字体、段落和页面的格式设置方法。

（3）掌握查找、替换的使用方法。

（4）掌握边框、底纹的设置方法。

（5）掌握首字下沉和分栏的设置方法。

（6）掌握项目符号和编号的设置方法。

二、实验示例

【任务1】 启动Word，熟悉界面，创建并保存文档。

【要求】

（1）新建Word文档“动物是如何冬眠的.docx”。

（2）为文档设置打开密码为“dm”，自动保存文档的时间间隔为5分钟。

【操作步骤】

（1）启动Word。

单击任务栏“开始”→“所有程序”→Microsoft Office→Microsoft Word 2010，或使用桌面快捷方式启动Word。

（2）保存文档。

在新建的空白文档中，单击“文件”→“保存”或单击快速访问工具栏中的保存按钮，选择保存位置，将文档保存为“动物是如何冬眠的.docx”。

（3）设置自动保存时间间隔。

单击“文件”→“选项”，打开“Word选项”对话框，选择左侧的“保存”选项，在右侧勾选“保存自动恢复信息时间间隔(A)”复选框，将时间设置为5分钟。

（4）为文档设置打开密码。

单击“文件”选项卡“信息”组中“保护文档”按钮，在弹出的下拉列表中选择“用密码进行加密”命令，输入密码“dm”并再次确认密码，单击“确定”按钮。

(5) 单击“保存”按钮。

【任务 2】 页面设置。

【要求】 将文档页面设置为：A4 纸，页边距为上、下均为 2 厘米，左、右均为 3 厘米，对称页边距，页眉页脚距边界 1.5 厘米，每行 42 个字符，每页 45 行。

【操作步骤】

页面设置

(1) 打开文档“动物是如何冬眠的.docx”。

(2) 单击“页面布局”→“页面设置”组右下角的对话框启动器按钮，打开页面设置对话框。

(3) 在“页边距”选项卡设置页边距为上、下均为 2 厘米，左、右均为 3 厘米，在“页码范围”组选择“对称页边距”，如图 2-1 所示。

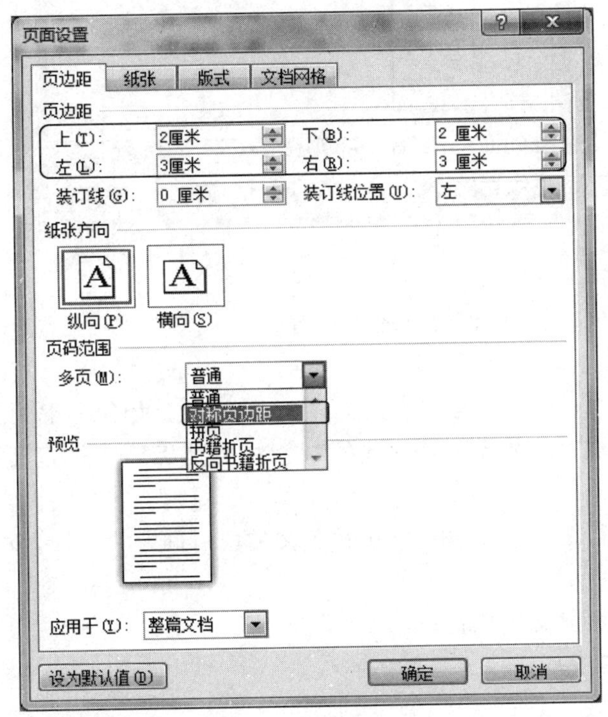

图 2-1　设置页边距

(4) 在“纸张”选项卡选择“纸张大小”为 A4。

(5) 在“版式”选项卡设置页眉页脚“距边界”均为 1.5 厘米。

(6) 单击“文档网格”→“网格”组→“指定行和字符网格”左侧的单选按钮，在“字符数”组指定每行为 42 个字符，在“行数”组设置每页 45 行，如图 2-2 所示。

(7) 保存文档。

☞**提示**：度量单位的默认值为“磅”，如果将单位设置为“厘米”，可在“页边距”选项卡中的上、下、左、右页边距组合框内直接输入页边距数值和单位“厘米”，如“2 厘米”，系统会按厘米值设置(1 磅=0.0356 厘米)页边距。此外，还可以通过“文件”→“选项”→“高级”→“显示”进行设置，将默认的度量单位修改为“厘米”。

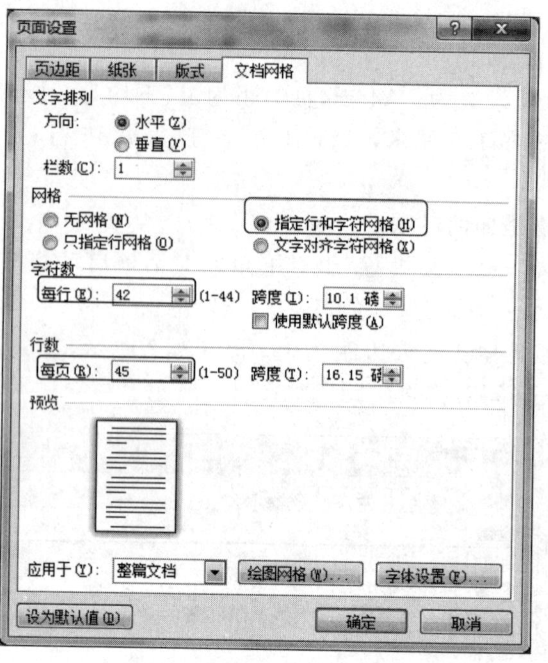

图 2-2　设置行数和字符数

【任务 3】 文本编辑、字体设置和段落设置。

【要求】

(1) 将素材"冬眠.txt"的内容作为正文插入到"动物是如何冬眠的.docx"文档中。

(2) 输入文档标题"动物是如何冬眠的",并将文档标题字体设置为:华文行楷,一号字,红色字体,居中。

(3) 设置正文的行距为 1.25 倍,标题和正文的段后间距为 1 行,每个自然段首行缩进 2 个字符。

(4) 将前两个自然段交换位置。

【操作步骤】

(1) 插入文档。

① 打开文档"动物是如何冬眠的.docx"。

② 将光标置于文档的起始位置。

③ 单击"插入"→"文本"组→"对象"按钮,在弹出的下拉列表中选择"文件中的文字",打开"插入文件"对话框,选择"冬眠.txt"文件,单击"插入"按钮。

☞**提示**:也可以利用"复制|粘贴"功能,将"冬眠.txt"的文档内容复制到"动物是如何冬眠的.docx"中。

(2) 插入标题文字,设置标题文字格式。

① 将光标定位在文档的起始位置,录入标题文字"动物是如何冬眠的",按 Enter 键(使标题单独占一行)。

② 选中标题文字,单击"开始"→"字体"组和"段落"组中的相应按钮,将标题设置为华文行楷,一号字,红色字体,居中。

(3) 设置首行缩进、行距和段间距。

① 选中正文，单击“开始”→“段落”组右下角的对话框启动器按钮 ，打开“段落”对话框，如图 2-3 所示。

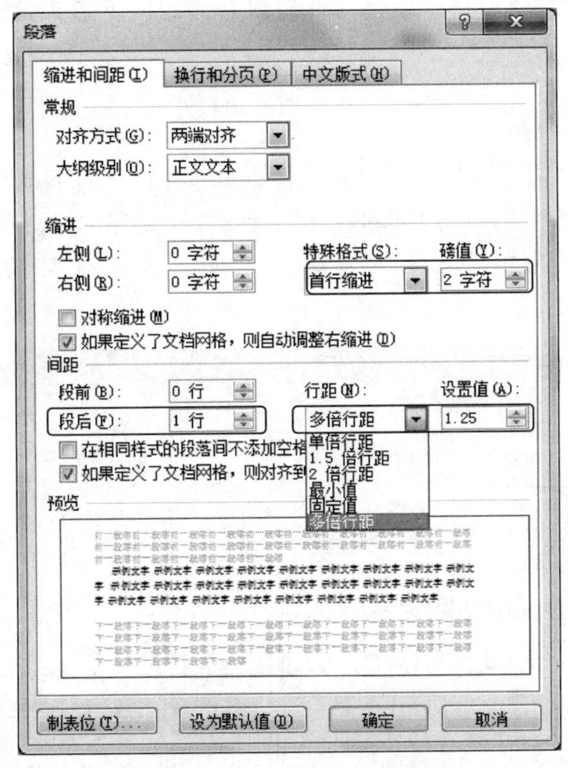

图 2-3　段落设置

② 在“缩进和间距”选项卡中的“特殊格式”栏设置“首行缩进”，“磅值”为 2 个字符。

③ 在“间距”组“行距”栏，选择“多倍行距”，“设置值”为 1.25。

④ 选中标题行，打开“段落”对话框，将“间距”的“段后”栏设置为 1 行。

(4) 交换前两个自然段的位置。

① 选中第 2 个自然段的文字，右击，选择“剪切”命令。

② 将光标定位在文档第 1 个自然段起始位置，按 Enter 键。

③ 将光标定位在文档起始位置(回车符前)，右击，选择“粘贴”命令。

☞**提示**：还可以使用以下方法。

方法 1：使用“剪切|粘贴”的快捷键 Ctrl＋X|Ctrl＋V 进行交换。

方法 2：将鼠标指针移到第 2 个自然段的左侧，当鼠标指针变为指向右侧的箭头时，双击鼠标(选中第 2 个自然段)，拖动鼠标，将第 2 个自然段移到第 1 个自然段的前面。

【任务 4】 添加编号、边框和底纹。

【要求】

(1) 为第 4～6 自然段添加“1. 2. 3.”格式的自动编号。

(2) 将第 4～6 自然段设置为双线边框，宽度为 0.75 磅，底纹为自定义填充色 RGB(200，215，125)，样式 5%。

【操作步骤】

(1) 添加编号。

① 选中第 4～6 自然段。

② 单击"开始"→"段落"组→"编号"按钮右侧的向下箭头,在弹出的下拉列表中选择 1.2.3. 的样式。

(2) 设置边框底纹。

① 选中第 4～6 自然段。

② 单击"开始"→ "段落"组→"下框线"按钮右侧的向下箭头,从弹出的下拉列表中选择"边框和底纹"命令,打开"边框和底纹"对话框,在左侧的"边框"选项卡"设置"栏选择"方框","样式"栏选择"双线","宽度"栏选择"0.75 磅",在右侧"应用于"栏选择"段落",如图 2-4 所示。

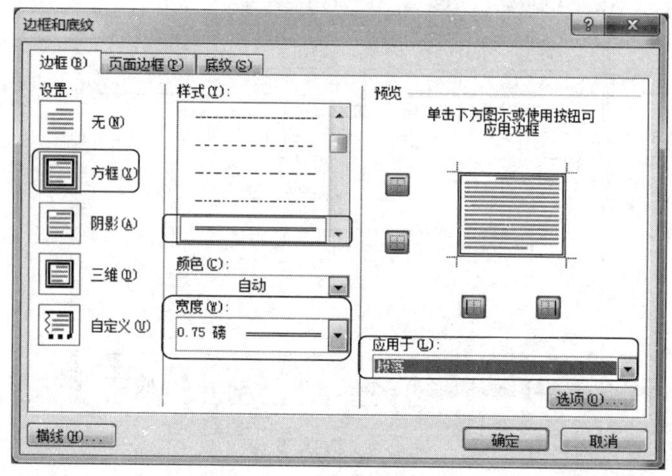

图 2-4 设置边框和底纹

③ 单击"底纹"选项卡,在"图案"中的"样式"栏选择 5%,单击"填充"栏文本框右侧的向下按钮,在弹出的下拉列表中选择"其他颜色"按钮,打开"颜色"对话框,在"自定义"选项卡下颜色栏(红色、绿色、蓝色)中分别输入数字 200、215、125,如图 2-5 所示。

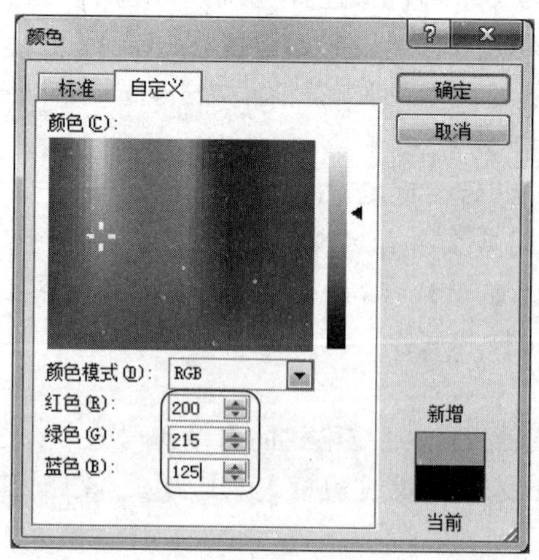

图 2-5 设置颜色

【任务 5】 设置分栏、首字下沉及文字的查找替换。

【要求】

(1) 将文档的第 2 个自然段设置首字下沉 2 行，距正文 0.5 厘米。

(2) 将倒数第 2 个自然段分两栏，带分割线，栏宽 20 个字符。

(3) 将第 3 个和最后一个自然段的“冬眠”替换为“冬蛰”，将其字体设置为隶书、斜体、四号字、绿色并添加着重号。

【操作步骤】

首字下沉

(1) 设置首字下沉。

① 将光标定位在第 2 个自然段的任意位置。

② 单击“插入”→“文本”组→“首字下沉” 按钮，在弹出的下拉列表中选择“首字下沉选项”，打开 “首字下沉”对话框，设置首字下沉 2 行，距正文 0.5 厘米。

(2) 设置分栏。

① 选中倒数第 2 个自然段。

② 单击“页面布局”→“分栏”按钮，在弹出的下拉列表中选择“更多分栏”命令，打开“分栏”对话框，选择“两栏”，勾选“分割线”复选框，设置“栏宽”为 20 字符。

(3) 文字的查找替换。

① 选中第 3 和最后一个自然段。

② 单击“开始”→“编辑”组→“替换”按钮，打开“查找和替换”对话框。

③ 单击“替换”选项卡，在“查找内容”右侧文本框中输入文字“冬眠”。

④ 在“替换为”右侧文本框中输入文字“冬蛰”。

⑤ 将光标定位在“替换为”右侧的文本框中，单击对话框下面的 更多(M) >> 按钮，打开“查找和替换”对话框，单击 格式(O) ▾ 按钮，如图 2-6 所示，在弹出的下拉列表中选择“字体”按钮，打开“字体”对话框。

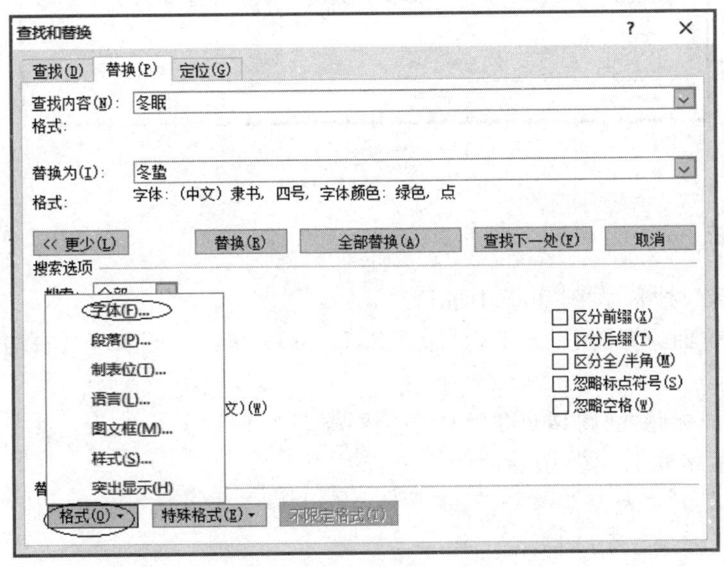

图 2-6 “查找和替换”对话框

⑥ 将替换后的文字设置为隶书、斜体、四号字、绿色，并添加着重号。

⑦ 单击“全部替换”按钮。

☞**提示**：单击“全部替换”按钮后会出现一个对话框，提示“是否搜索文档的其余部分？”因为只替换第 3 段和最后一个自然段中的“冬眠”，所以单击“否”按钮。

【任务 6】 为文档添加尾注。

【要求】 为第 1 个自然段的冬眠添加尾注：冬眠也叫冬蛰，设置为宋体六号字。

【操作步骤】

选中第 1 个自然段的“冬眠”，单击“引用”→“脚注”组→“插入尾注”按钮，在文章末尾插入尾注“冬眠也叫冬蛰”，设置尾注的字体为宋体六号字。

图 2-7 为完成实验 2-1 后文档的排版效果。

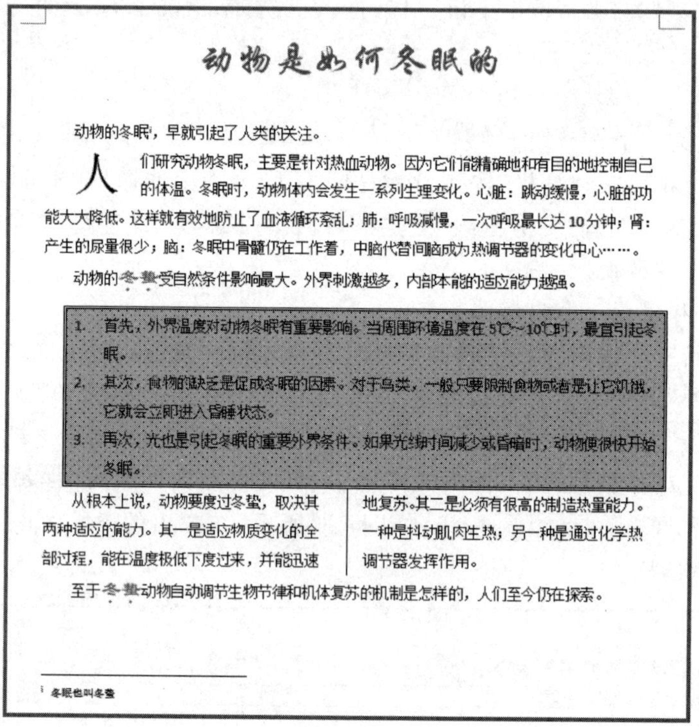

动物是如何冬眠的

动物的冬眠[i]，早就引起了人类的关注。

人们研究动物冬眠，主要是针对热血动物。因为它们能精确地和有目的地控制自己的体温。冬眠时，动物体内会发生一系列生理变化。心脏：跳动缓慢，心脏的功能大大降低。这样就有效地防止了血液循环紊乱；肺：呼吸减慢，一次呼吸最长达 10 分钟；肾：产生的尿量很少；脑：冬眠中骨髓仍在工作着，中脑代替间脑成为热调节器的变化中心……。

动物的冬蛰受自然条件影响最大。外界刺激越多，内部本能的适应能力越强。

1. 首先，外界温度对动物冬眠有重要影响。当周围环境温度在 5℃～10℃时，最宜引起冬眠。
2. 其次，食物的缺乏是促成冬眠的因素。对于鸟类，一般只要限制食物或者是让它饥饿，它就会立即进入昏睡状态。
3. 再次，光也是引起冬眠的重要外界条件。如果光照时间减少或昏暗时，动物便很快开始冬眠。

从根本上说，动物要度过冬蛰，取决其两种适应的能力。其一是适应物质变化的全部过程，能在温度极低下度过来，并能迅速地复苏。其二是必须有很高的制造热量能力。一种是抖动肌肉生热；另一种是通过化学热调节器发挥作用。

至于冬蛰动物自动调节生物节律和机体复苏的机制是怎样的，人们至今仍在探索。

[i] 冬眠也叫冬蛰

图 2-7 实验 2-1 排版效果

三、实验作业

以下操作在素材“科学家.doc”中进行。

(1) 将文档页面设置为：A4 纸，页边距为上、下均为 2.5 厘米，左、右均为 3 厘米，每行 38 个字符。

(2) 给文章加标题“获得诺贝尔奖的中国科学家”，设置其格式为：隶书、二号、红色、居中对齐，字符间距缩放 120%，段后间距为 1 行。

(3) 设置所有正文为 1.5 倍行距，正文第 2 段首字下沉 2 行，首字字体为黑体、蓝色、小初，其余段落首行缩进 2 个字符。

(4) 将正文中“1971 年首先……1979 年获国家发明奖二等奖”更换为红色，加着重号。

将正文最后一段分为等宽两栏，有分隔线。

(5) 在页面底端为正文第 2 段首个“青蒿素”插入脚注，编号格式为“i,ii,iii,…”，注释内容为“别名：黄花素、黄蒿素”。

(6) 为倒数第 2 段加阴影边框，边框颜色为蓝色，1.5 磅，底纹样式为 15%。

(7) 将文档保存为“获得诺贝尔奖的中国科学家.docx”。

实验 2-2 图文混排

一、实验目的

(1) 掌握图片、艺术字、自选图形和文本框的插入及其设置方法。

(2) 掌握页面背景的设置方法。

(3) 掌握插入公式的方法。

(4) 了解插入 SmartArt 图形的方法。

二、实验示例

以下任务在实验 2-1 结果文件“动物是如何冬眠的.docx”的基础上进行，图文混排后的效果如图 2-8 所示。

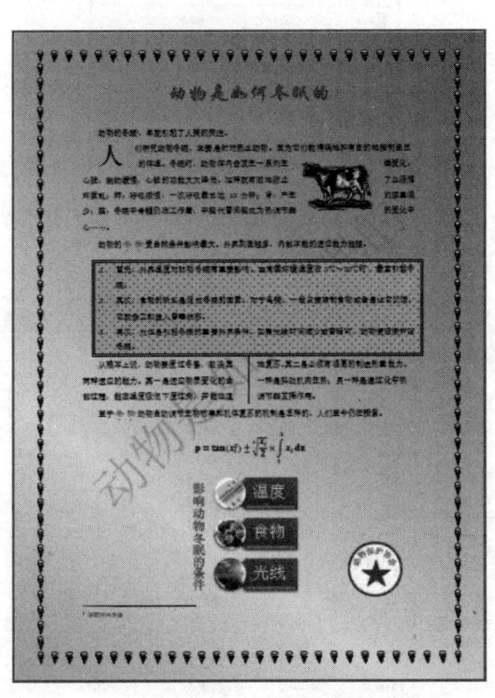

图 2-8 实验 2-2 图文混排效果

【任务 1】 在文档中插入图片

【要求】 在文档第 2 个自然段插入任意一幅动物的剪贴画，文字环绕方式为“紧密型”，设置图片的高度和宽度分别为 2.5 厘米和 3 厘米。

插入剪贴画

【操作步骤】

(1) 将光标定位在第 2 个自然段的适当位置。

(2) 单击“插入”→“插图”组→“剪贴画”命令，弹出“剪贴画”任务窗格，如图 2-9 所示。在“搜索文字”文本框中输入“动物”，单击“搜索”按钮，在搜索结果中双击任意一幅动物图片，将其插入到文档中。

图 2-9 “剪贴画”任务窗格

(3) 选中图片，右击，在弹出的快捷菜单中选择“大小和位置”命令，打开“布局”对话框。

(4) 单击“大小”选项卡，使“锁定纵横比”复选框处于未勾选状态，设置图片高度和宽度分别为 2.5 厘米和 3 厘米，如图 2-10 所示。

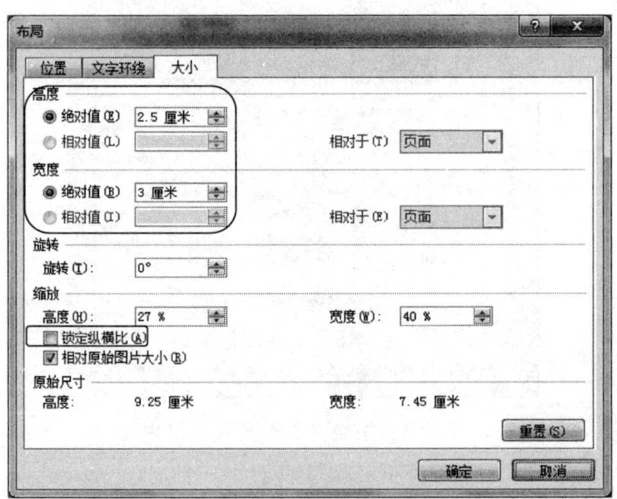

图 2-10 “布局|大小”选项卡

(5) 切换到“文字环绕”选项卡，设置环绕方式为紧密型，如图 2-11 所示。

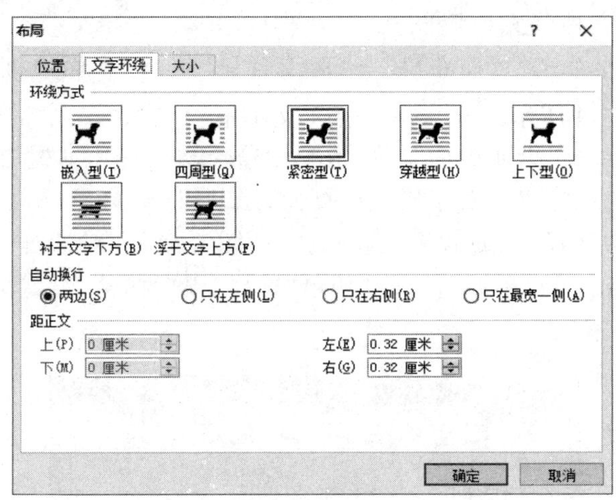

图 2-11 “布局|文字环绕”选项卡

【任务 2】 设置页面背景。

【要求】

(1) 为文档插入“文字水印”，水印内容为“动物是如何冬眠的”，字体颜色为“紫色”“半透明”，版式为“斜式”。

(2) 为页面添加任意艺术型页面边框，设置页面的填充效果为“雨后初晴”，底纹样式为“斜下”。

【操作步骤】

(1) 添加水印。

① 将光标定位在文档任意位置。

② 单击“页面布局”→“页面背景”组→“水印”按钮，在弹出的下拉列表中选择“自定义水印”按钮，打开“水印”对话框。

③ 选择“文字水印”单选按钮，在“文字”栏输入水印内容“动物是如何冬眠的”，设置字体颜色为“紫色”“半透明”，版式为“斜式”，如图 2-12 所示。

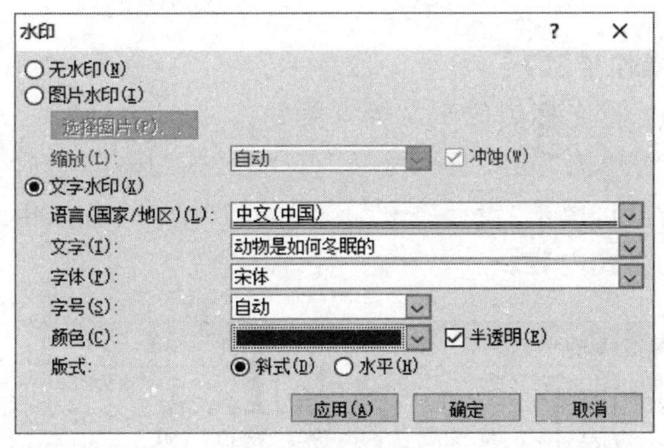

图 2-12 设置水印

④ 单击“确定”按钮。

(2) 添加页面边框和底纹。

① 将光标定位在文档任意位置。

设置页面背景

② 单击"页面布局"→"页面背景"组→"页面边框"按钮，打开"边框和底纹"对话框。

③ 在"页面边框"选项卡中选择任意一种艺术型边框。

④ 单击"页面布局"→"页面背景"组→"页面颜色"按钮，在弹出的下拉列表中选择"填充效果"选项，打开"填充效果"对话框，如图 2-13 所示，选择"渐变"选项卡"颜色"组中的"预设"，"预设颜色"选择"雨后初晴"设置页面的填充色为"雨后初晴"，底纹样式为"斜下"。

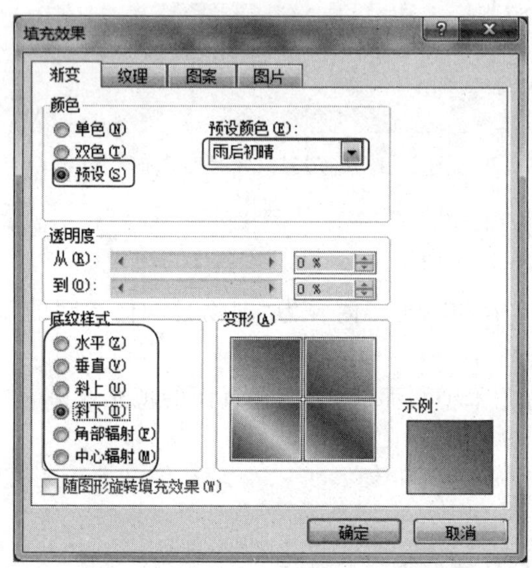

图 2-13　设置页面填充效果

【任务 3】 插入公式。

【要求】 当前文档的末尾，使用公式编辑器编辑如下公式：

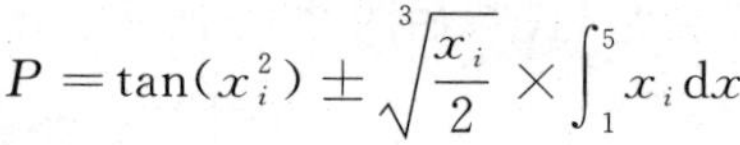

$$P=\tan(x_i^2)\pm\sqrt[3]{\frac{x_i}{2}}\times\int_1^5 x_i\,\mathrm{d}x$$

插入公式

【操作步骤】

(1) 将光标定位于文档末尾处。

(2) 单击"插入"→"符号"组→"公式"按钮，选择下拉列表中的"插入新公式"按钮，单击"设计"→"符号"组和"结构"组中相关按钮(见图 2-14)，逐一输入公式内容。

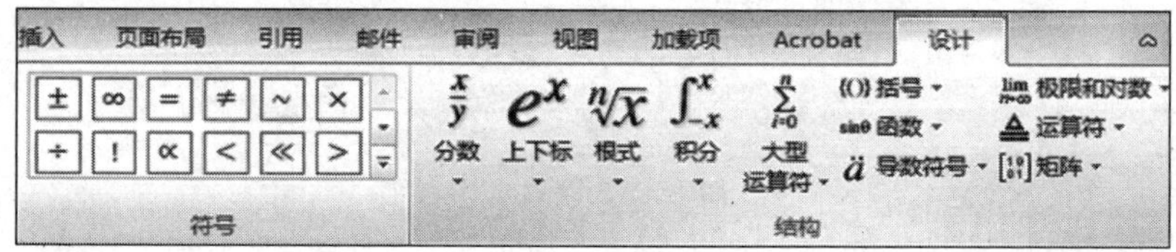

图 2-14　公式工具的设计选项卡

☞**提示**：可在输入“P＝”后，选中公式，增大公式字体大小(如小三号字)以便看清公式。

【任务4】 插入自选图形、艺术字并进行图形组合。

【要求】 制作公章，如图2-15所示，将其置于文档的右下角。

【操作步骤】

组合图形

图2-15　图形组合示例

(1) 插入红色圆环。

单击“插入”→“插图”组→“形状”按钮，在弹出的下拉列表中选择“椭圆”，按住Shift键，插入一个圆形，在“绘图工具|格式|形状样式”组内选择合适的按钮将圆的“填充色”设置为“无”，“形状轮廓”设置为2磅的“深红色”。

(2) 插入弯曲的艺术字。

插入艺术字“动物保护协会”，将其设置为艺术字下拉列表框中第6行第3列的样式。

(3) 选中艺术字，单击“绘图工具|格式”→“艺术字样式”组→“文字效果”按钮，在弹出的下拉列表中将“阴影”“棱台”效果均设为“无”(因为插入的艺术字默认效果为“粗糙棱台”，因此需要将效果去掉，只保留文字)；单击“文字效果”下拉列表中“转换”命令，在弹出的下拉列表中选择“跟随路径”组内的“上弯弧”样式并调整艺术字的位置，将其放入圆的上方。

☞**提示**：移动艺术字左侧边框上的紫色调整按钮可以调整艺术字的弯曲度。

(4) 插入五角星。

单击“插入”→“插图”组→“形状”按钮，在弹出的“星与旗帜”下拉列表中选择“五角星”，在艺术字的下方绘制一个五角星，将其“填充色”和“形状轮廓”均设置为“深红色”。

(5) 组合图形。

调整好圆、艺术字、五角星的相对位置，按住Ctrl键逐一将其选中，右击，在弹出的快捷菜单中选择“组合”命令，将三者组合起来，组合成一个图形(公章)。

(6) 将制作好的公章放在文档的右下角。

【任务5】 插入文本框和SmartArt图形。

【要求】 在文档的末尾，插入一个SmartArt图形，设置其类别为“列表”中的“垂直图片重点列表”，样式为“优雅”，并在其左侧插入一个竖排文本框，添加文本“影响动物冬眠的条件”，文字的“文本效果”设置为第4行第2列样式，文本框的填充色和线条颜色均设置为“无”。

【操作步骤】

(1) 插入SmartArt图形。

① 将光标定位在文档末尾。

② 单击“插入”→“插图”组→SmartArt按钮。

插入SmartArt图形

③ 在弹出的“选择SmartArt图形”列表框中(见图2-16)，单击左侧的类别名称，选择“列表”类别，然后在右侧的列表框中选择“垂直图片重点列表”，单击“确定”按钮。

④ 在SmartArt图形的文本占位符和图片占位符中分别输入文字“温度、食物、光线”和素材中的图片“温度.jpg、食物.jpg、光线.jpg”。

⑤ 选中SmartArt图形，在“SmartArt工具|设计|SmartArt样式”组，将其样式设置为“三维”中的“优雅”。图2-17所示为SmartArt图形效果。

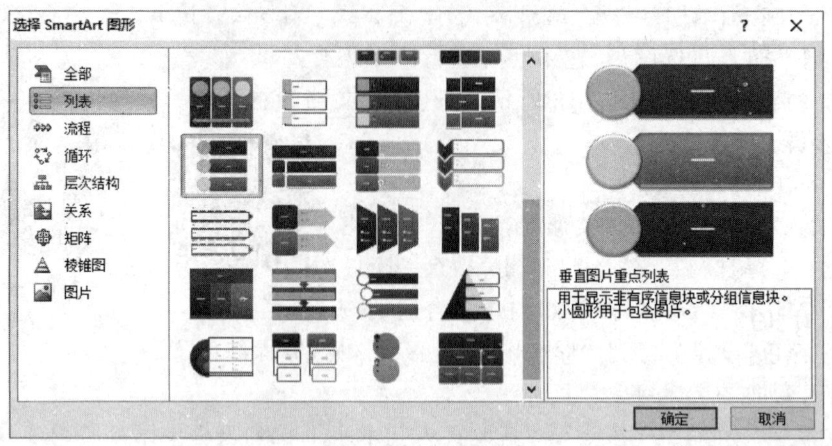

图 2-16 "选择 SmartArt 图形"列表框

☞**提示**：插入 SmartArt 图形后，Word 2010 自动显示"SmartArt 工具"的"设计"和"格式"选项卡，可利用其中相应的按钮对 SmartArt 图形的布局、样式、形状、大小和位置等进行设置。

图 2-17 SmartArt 图形效果

(2) 插入文本框。

① 单击"插入"→"文本"组→"文本框"按钮，在下拉列表中选择"绘制竖排文本框"命令，在 SmartArt 图形左侧绘制一个竖排文本框。

② 在文本框中添加文本："影响动物冬眠的条件"。

③ 单击"开始"→"字体"组→"文本效果" 按钮，将文字的"文本效果"设置为第 4 行第 2 列样式 **A**，并将文本框的填充色和线条颜色均设置为"无"。

三、实验作业

以下操作在素材"海报.docx"中进行。

利用 Word 2010 制作一份宣传海报。具体要求如下：

(1) 调整文档的版面，要求页面高度为 36 厘米，页面宽度为 25 厘米，上、下页边距均为 5 厘米，左、右页边距均为 4 厘米。

(2) 将素材"背景图片.jpg"设置为海报背景。

(3) 设置标题为"隶书""小二"号，正文内容设置为"宋体""小四"号。

(4) 根据页面布局需要，将海报内容中"演讲题目""演讲人""演讲时间""演讲日期"、"演讲地点"信息的段前段后间距均设置为"0 行"，行距设置为"单倍行距"。

(5) 在"演讲人:"位置后面输入"陆达"；在"主办：行政部"位置后面另起一页，并设置第 2 页的页面纸张大小为 A4，纸张方向设置为"横向"，此页页边距为"普通"页边距。

(6) 在第 2 页的"报名流程"下面，利用 SmartArt 制作如素材样张所示的本次活动报名流程(行政部报名、确认座席、领取资料、领取门票)。

(7) 在第 2 页的"日程安排"段落下面，复制本次活动的日程安排表，要求表格内容引用 Excel 文件中的内容，如果 Excel 文件中的内容发生变化，Word 文档中的日程安排信息随之发生变化(所需 Excel 表在素材文件夹下)。

(8) 更换演讲人照片为素材文件夹下的 luda.jpg 照片,将图片设置为"四周型"环绕,将其放到适当位置。

(9) 保存文档。

实验 2-3　表 格 处 理

一、实验目的

(1) 掌握创建表格的方法。

(2) 掌握表格的布局和排版。

(3) 掌握表格数据的计算和排序。

(4) 掌握表格和文本的转换。

二、实验示例

将素材文件"成绩表.docx"中的文本转化为表格,并计算、格式化"学生成绩表",如图 2-18 所示。

科目 姓名	大学英语	高等数学	体育	大学物理	总分
陈思文	70	90.3	73	90	323.3
王　曦	80	66	80	46.6	272.6
董　瑶	56	50	60	42	208.0
最高分	80	90.3	80	90	
备注					

图 2-18　学生成绩表

【任务 1】 表格的基本操作。

【要求】

(1) 将素材文件"成绩表.docx"中的文字转换为 4 行 5 列的表格,平均分布各列。

(2) 在"大学物理"右侧新增"总分"列,在"陈思文"行下侧新增 2 行:"最高分"和"备注"。

(3) 设置表格文字垂直水平居中对齐,合并备注行、绘制表头及修饰表格,效果如图 2-18 所示。

【操作步骤】

(1) 文字转换为表格。

① 打开素材文件"成绩表.docx",选中需要转换为表格的文本,单击"插入"→"表格"组→"表格"按钮 ,在弹出的下拉列表中选择"文本转换成表格"命令,插入一个 4 行 5 列的表格。

② 单击"表格工具|布局"→"单元格大小"组→"分布列"命令,将各列设置相同的宽度。

(2) 表格中插入行和列。

将光标定位在“大学物理”列任意位置，右击，在弹出的快捷菜单中选择“插入|在右侧插入列”命令，插入“总分”列。

同理插入“最高分”和“备注”行。

美化表格

(3) 美化表格。

① 单击表格左上角的表格选定按钮，选中整个表格，右击，在弹出的快捷菜单中选择“单元格对齐方式”→“水平居中”按钮，设置表格文字垂直水平居中对齐。

② 单击“表格工具|设计”→“表格样式”组→“边框”→“边框和底纹”按钮，打开“边框和底纹”对话框，如图 2-19 所示。选择“设置”栏“自定义”按钮，在“样式”栏中选择上粗下细的双线型，设置“宽度”为 3 磅，在对话框右侧“预览”组中单击上、下、左、右边框按钮，设置外边框；再次选择虚线，颜色设置为“红色”，磅值为 0.5 磅，单击水平和垂直内框线按钮，设置内框线。

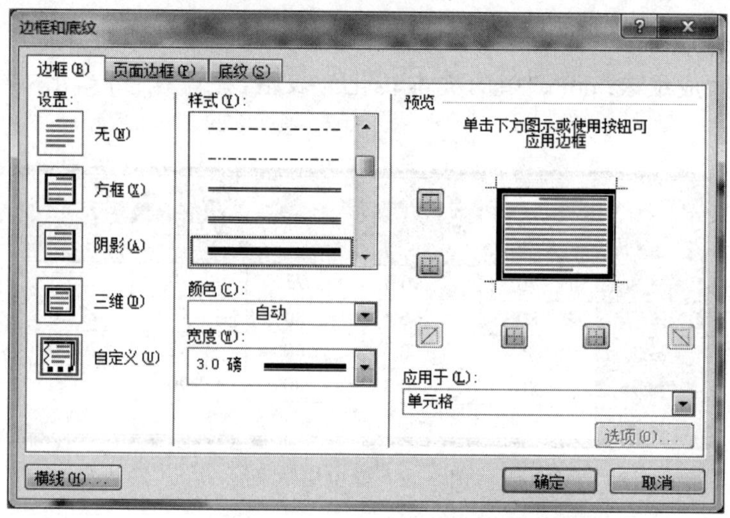

图 2-19 “边框和底纹”对话框

③ 选中表格标题行，打开“边框和底纹”对话框，单击“底纹”选项卡，在“主题颜色”栏设置底纹的填充色为“深蓝，文字 2，淡色 80%”。同理设置姓名列的底纹颜色为“白色，背景 1，深色 35%”。

④ 在第 1 行第 1 列单元格的文字“姓名”前输入文字“科目”，按 Enter 键，设置“科目”在单元格中右对齐，“姓名”左对齐，单击“表格工具|设计”选项卡“绘图边框”组中“绘制表格”按钮，绘制表头斜线(黑色，0.5 磅，虚线)。

⑤ 选中“备注”行需要合并的列，右击→“合并单元格”命令，将备注行的单元格合并。

【任务 2】 表格的计算和排序。

【要求】

(1) 用公式计算出每名学生的总分(保留 1 位小数)和每门课程的最高分。

(2) 将 3 名学生的成绩按总分降序排列(最高分行不参加排序)。

【操作步骤】

(1) 表格的计算。

表格计算

① 将光标定位在第 1 个学生的“总分”列。

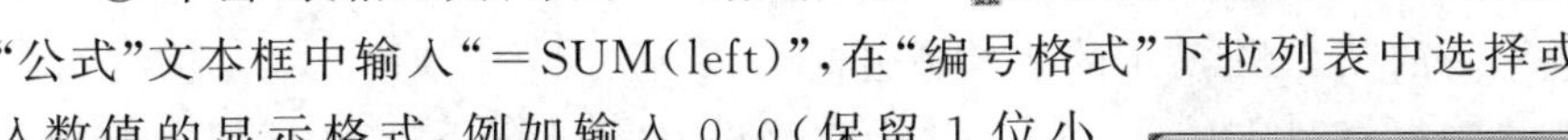

② 单击“表格工具|布局”→“数据”组→ f_x 按钮，弹出“公式”对话框，在“公式”文本框中输入“＝SUM(left)”，在“编号格式”下拉列表中选择或输入数值的显示格式，例如输入 0.0(保留 1 位小数)，单击“确定”按钮，如图 2-20 所示。

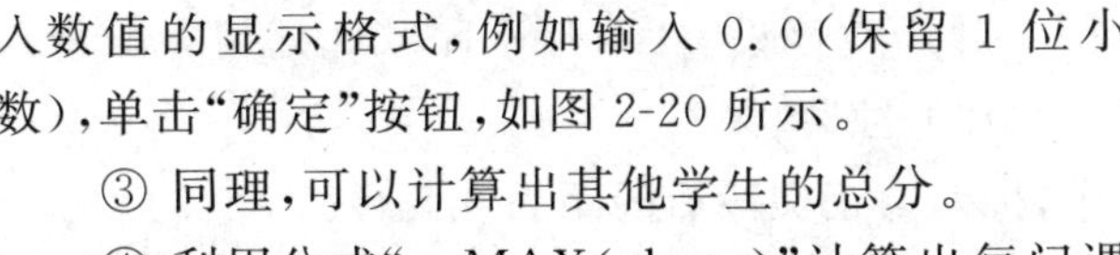

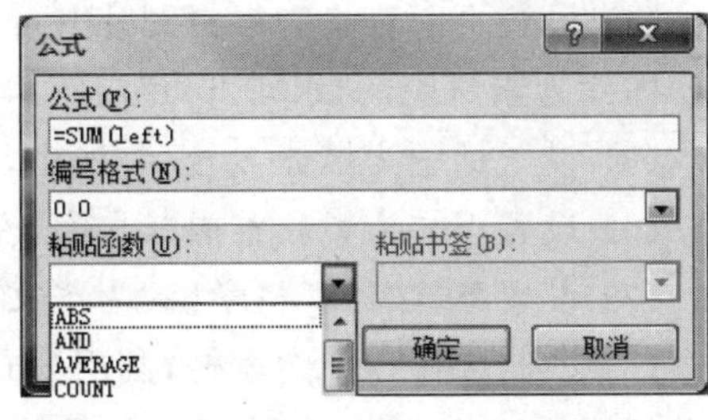

图 2-20　插入公式

③ 同理，可以计算出其他学生的总分。

④ 利用公式“＝MAX(above)”计算出每门课的最高分。

☞**提示**：利用复制功能，将第 1 位学生总分成绩粘贴到其他学生对应总分单元格后，右击，选择“更新域”命令，可更方便、快捷地完成应用同一公式在某行或某列的计算。

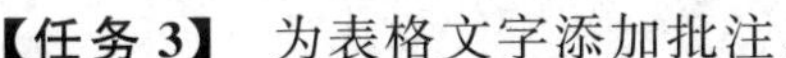

(2) 表格的排序。

表格排序

① 选中表格前 4 行。

② 单击“表格工具|布局”→“数据”组→“排序”按钮，在弹出的“排序”对话框中，设置主要关键字为“总分”，类型为“数字”“降序”。

【任务 3】 为表格文字添加批注。

【要求】 给董瑶同学添加批注“班长”。

【操作步骤】

(1) 在“姓名”列中选中“董瑶”。

(2) 选择“审阅”→“批注”组→“新建批注”命令，输入批注内容“班长”。

三、实验作业

制作“成绩单模板.docx”，如图 2-21 所示。

图 2-21　成绩单模板

【要求】

(1) 新建空白文档,录入图 2-21 所示文本内容,将文档保存为"成绩单模板.docx"。

(2) 设置纸张方向为横向,纸张大小为 B5,页边距均为 3 厘米,页眉、页脚距边界均为 1 厘米。

(3) 设置页面边框为如图 2-21 所示的艺术型边框。

(4) 设置页面背景为素材图片"logo.jpg",并为文档设置"图片水印"(此处用于防伪),水印图片为素材中的"水印.jpg",并将其设置为"冲蚀"效果。

(5) 设置标题为楷体 2 号字,加粗,居中,标题与正文段后间距为 0.5 行。

(6) 设置正文为微软雅黑 3 号字,左对齐,第 2 个自然段设置为首行缩进 2 个字符。

(7) 设置落款"计算机学院"为华文行楷、小三号字,右对齐。

(8) 绘制 2 行 5 列的表格,利用公式计算总分,设置表格文字为宋体小 3 号字,居中,表头单元格的底纹为蓝色,强调文字颜色 1,淡色 60%,表格外边框线为 0.5 磅的双线,内部为 0.5 磅的实线。

(9) 为文档插入图 2-21 所示的单位公章。

(10) 将文档末尾处的日期调整为可以根据成绩单生成日期而自动更新的格式,日期格式如图 2-22 所示。

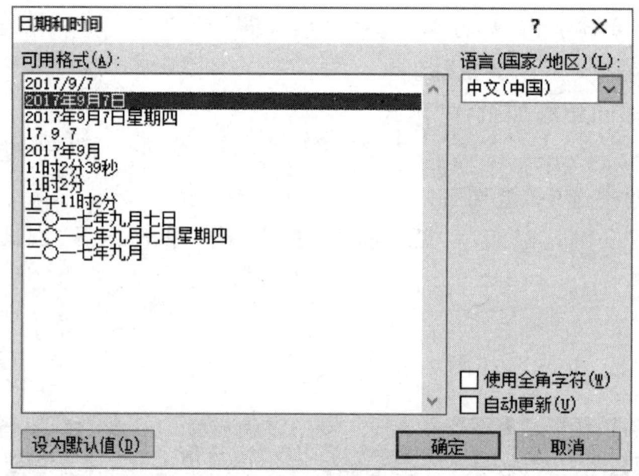

图 2-22 "日期和时间"对话框

☞提示:

• 设置页面背景。

单击"页面布局"选项卡"页面背景"组中的"页面颜色"按钮,在弹出的下拉列表中选择"填充效果",在打开的"填充效果"对话框中选择"图片"。

• 自动更新日期。

➢ 删除原日期。

➢ 单击"插入"选项卡"文本"组中的"日期和时间"按钮,在打开的"日期和时间"对话框(见图 2-22)中选择与原来相同的日期格式。并勾选"自动更新"左侧的复选框。

实验 2-4 长文档编辑

一、实验目的

(1) 了解样式的使用方法。

(2) 掌握自动生成目录的方法。

(3) 掌握设置不同页眉、页脚的方法。

二、实验示例

以下任务在素材“数据库基础.docx”文档中完成。

【任务 1】 应用样式。

【要求】 分别将文档的各章标题、节标题、正文分别设置为标题 1、标题 2、标题 3、正文的样式,具体样式设置见表 2-1。

表 2-1 样式设置清单

文 本	样 式 名
一级标题(章标题)	标题 1
二级标题(节标题,黑体字)	标题 2
三级标题(小节标题)	标题 3
正文	正文

【操作步骤】

应用样式

(1) 设置一级标题样式。

① 设置第 1 章标题的样式。

选中第 1 章的标题文字,单击“开始”→“样式”组→“标题 1”按钮,将第 1 章标题设置为标题 1 的样式。

② 设置其他章标题样式。

选中第 1 章标题,双击“开始”→“剪贴板”组→“格式刷”按钮,则鼠标指针变为图标,依次用鼠标选中各章的标题文字,则“刷子”所到之处都设置成了标题 1 的样式。

③ 单击“开始”→“剪贴板”组→“格式刷”按钮,取消格式刷操作。

(2) 设置二级标题样式。

① 将光标定位在需要设置为二级标题文本(黑体字)处。

② 快速选中相同格式的文本。

单击“开始”→“编辑”组→“选择”→“选定所有格式类似的文本(无数据)”按钮,则将所有黑体文字选中。

☞**提示**:此操作仅适用于文档中格式相似(例如字体相同、项目符号相同或颜色相同等)的文本。设置标题样式后,可在“导航窗格”中查看文档的结构。

③ 单击“开始”→“样式”组→“标题 2”按钮,则所有黑体字被设置成标题 2 的样式。

(3) 设置三级标题和正文的样式，分别与一级标题和二级标题的设置方法相同，此处不再赘述。

☞**提示**：单击“开始”→“样式”组→“其他”按钮，打开“快速样式”库，如图 2-23 所示，可以在所有样式列表中选择需要应用的更多样式。

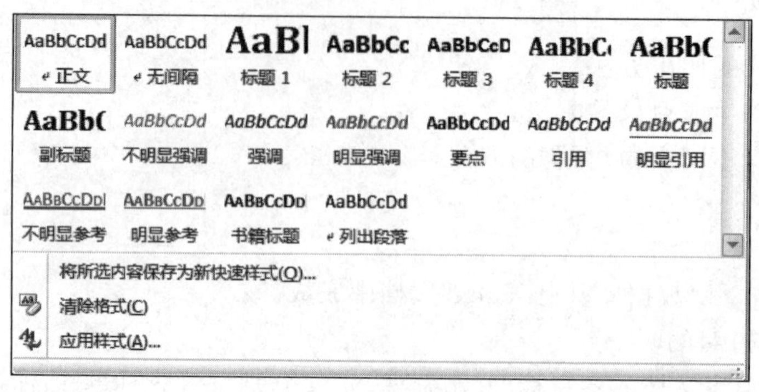

图 2-23 “快速样式”库

【**任务 2**】 文档分节。

文档分节

【**要求**】 将文档的每一章设置成不同的节。

【**操作步骤**】

(1) 将光标定位在每章的起始位置。

(2) 单击“页面布局”→“页面设置”组→“分隔符”命令，在展开的下拉列表中选择“分节符”栏中的“下一页”命令。

【**任务 3**】 为文档各节设置不同的页眉、页脚。

【**要求**】

(1) 页眉内容：奇数页页眉分别显示各章的标题；偶数页页眉为“数据库技术及应用”。

(2) 正文的页码从 1 开始，其中奇数页的页码显示在文档的左侧，偶数页的页码显示在文档的右侧。

插入页眉页脚

【**操作步骤**】

(1) 插入页眉

① 单击“插入”→“页眉页脚”组→“页眉”按钮，在弹出的下拉列表中选择“编辑页眉”命令，进入页眉编辑状态，在“页眉页脚工具”→“设计”→“选项”组中，勾选“奇偶页不同”复选框。

② 单击“插入”→“文本”组→“文档部件”按钮，在下拉列表中选择“域”命令，打开“域”对话框，如图 2-24 所示。

③ 在“域名”列表中选择“StyleRef”选项，在“样式名”列表中选择“标题 1”。

④ 单击“确定”按钮。

⑤ 将光标定位到偶数页页眉，取消“页眉页脚工具”→“设计”→“导航”组“链接到前一条页眉”的选中状态，输入“数据库技术及应用”。

⑥ 单击“关闭页眉和页脚”按钮。

☞**提示**：此种方法应用在页眉内容均已设置为相同的样式，如果某章的标题名发生变化则相应的页眉也会随之改变。

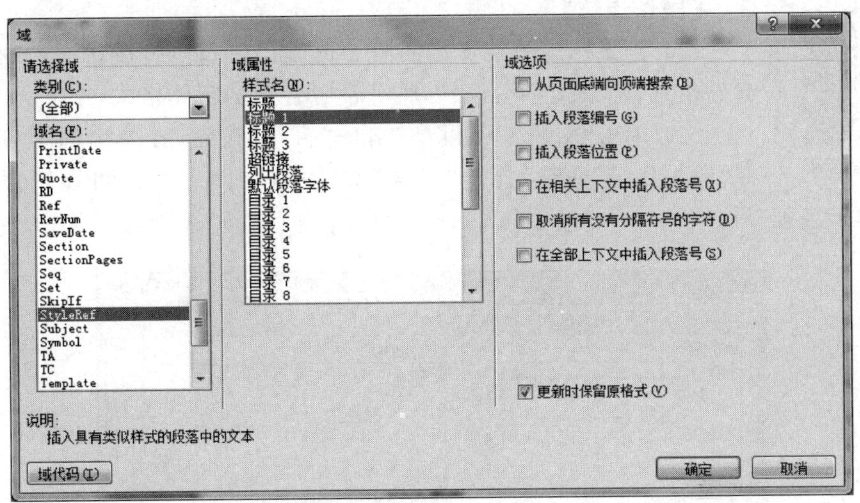

图 2-24 “域”对话框

(2) 插入页脚

① 将光标定位在正文的第 1 页,单击“插入”→“页眉和页脚”组→“页码”按钮,在展开的下拉列表中选择“页面底端”→“普通数字 1”命令,设置奇数页页码左对齐。

② 单击“插入”→“页眉和页脚”组→“页码”按钮,在弹出的下拉列表中选择“设置页码格式”,打开“页码格式”对话框,将起始页码设置为“1”,如图 2-25 所示。

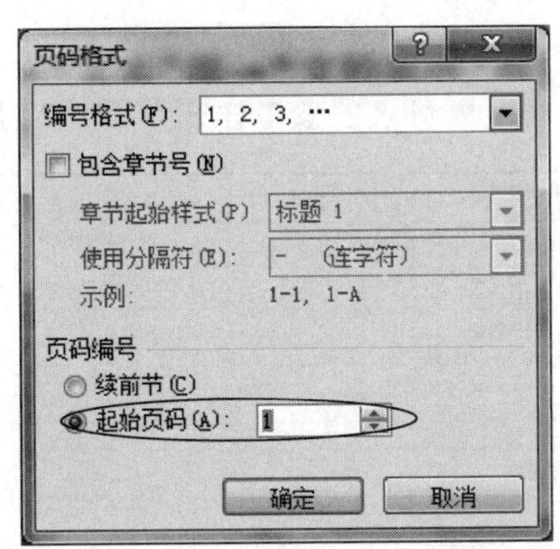

图 2-25 “页码格式”对话框

③ 勾选“页眉和页脚工具|设计”→“选项”组“奇偶页不同”复选框,设置奇偶页不同的页码。

④ 单击“设计”→“导航”组→“下一节”按钮,进入下一页的页脚编辑状态。

⑤ 取消“链接到前一条页眉”的选中状态,单击“插入”→“页眉页脚”组→“页码”按钮,从弹出的下拉列表中选择“页面底端”→“普通数字 3”命令,设置偶数页页码右对齐。

⑥ 单击“关闭页眉和页脚”按钮。

【任务 4】 自动生成目录。

【要求】 在文档的第 3 页插入目录,目录单独占用一页。

自动生成目录

【操作步骤】

(1) 将光标定位在文档的第 2 页，插入一新页，在新插入的空白页的起始位置，输入文字“目录”，将其设置合适的字体格式，按 Enter 键。

(2) 单击“引用”→“目录”组→“目录”按钮，在弹出的下拉列表框选择“插入目录”命令，打开“目录”对话框(见图 2-26)，可以根据需要设置“格式”“显示级别”等。

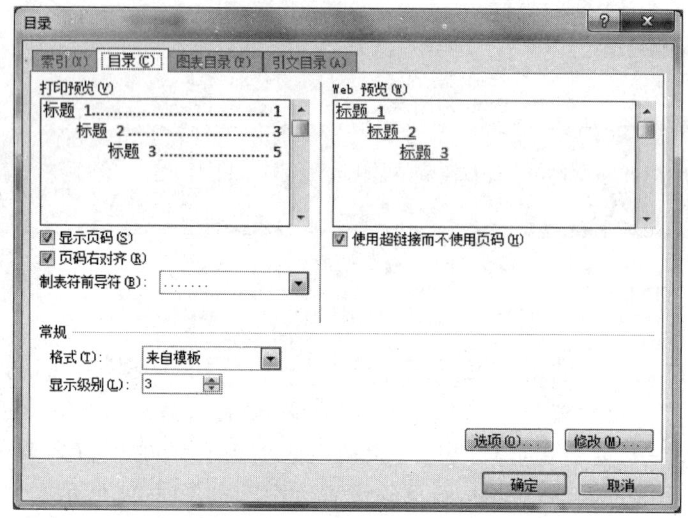

图 2-26 “目录”对话框

(3) 单击“确定”按钮，自动生成目录的参考样式如图 2-27 所示。

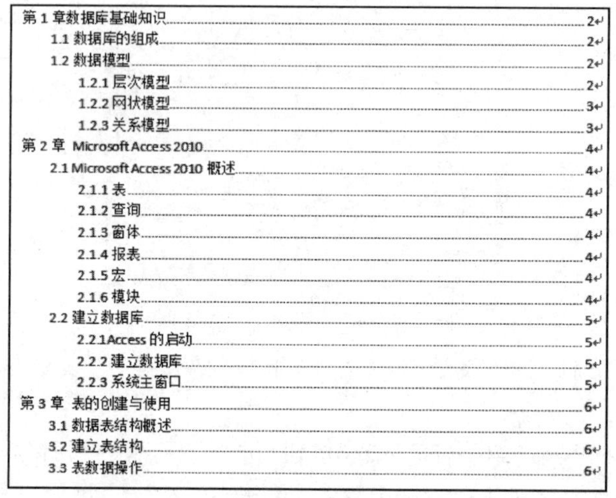

第 1 章数据库基础知识..2
1.1 数据库的组成..2
1.2 数据模型..2
1.2.1 层次模型..2
1.2.2 网状模型..3
1.2.3 关系模型..3
第 2 章 Microsoft Access 2010..4
2.1 Microsoft Access 2010 概述..4
2.1.1 表..4
2.1.2 查询..4
2.1.3 窗体..4
2.1.4 报表..4
2.1.5 宏..4
2.1.6 模块..4
2.2 建立数据库..5
2.2.1Access 的启动..5
2.2.2 建立数据库..5
2.2.3 系统主窗口..5
第 3 章 表的创建与使用..6
3.1 数据表结构概述..6
3.2 建立表结构..6
3.3 表数据操作..6

图 2-27 自动生成目录的参考样式

论文格式要求

三、实验作业

以下操作在素材文件“毕业设计说明书.docx”中进行，请按格式要求对文档进行排版，具体要求请扫描“论文格式要求”二维码。

实验 2-5 邮件合并

一、实验目的

(1) 掌握邮件合并的方法。

(2) 了解邮件合并中插入照片的方法。

二、实验示例

【任务 1】 制作准考证。

【要求】 利用“向导”将主文档和数据源进行邮件合并。

【操作步骤】

(1) 打开素材中的主文档“准考证.docx”,如图 2-28 所示。

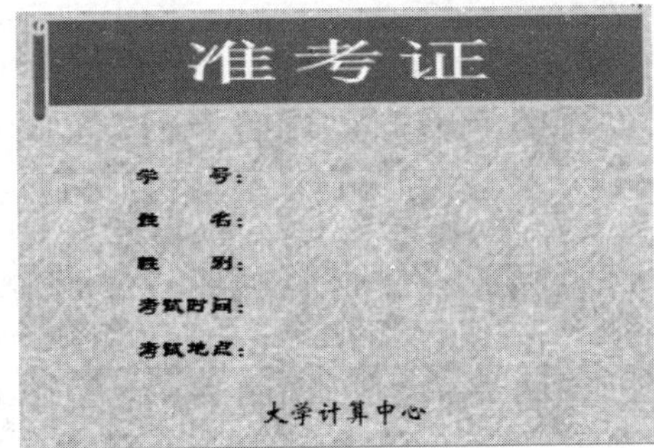

制作准考证

图 2-28 “准考证”主文档界面

(2) 准备数据源。

数据源可以是 Excel、Access 数据库等文件,此例选择素材文件夹中用 Excel 创建数据源——“学生信息表.xlsx”,具体数据如表 2-2 所示(其中照片文件夹应与数据源存放在同一路径下)。

表 2-2 学生信息表

学 号	姓 名	性 别	考试时间	考试地点	照 片
17220102	郭永庆	男	9-28 8:15-9:45	中心机房 1	m1.jpg
17220103	吕元昭	女	9-28 8:15-9:45	中心机房 2	w1.jpg
17220207	程朝青	男	9-28 10:10-11:40	中心机房 3	m2.jpg
17220208	蒋紫春	男	9-28 10:10-11:40	中心机房 4	m3.jpg
17720101	刘宇	男	9-28 14:00-15:30	中心机房 1	m4.jpg
17720102	蔡季雨	女	9-28 14:00-15:30	中心机房 2	w2.jpg
17720217	余文健	男	9-28 14:00-15:30	中心机房 1	m5.jpg
17720210	李凡	女	9-28 14:00-15:30	中心机房 2	w3.jpg
17750101	高志军	男	9-29 8:15-9:45	中心机房 3	m6.jpg
17750207	张玉芳	女	9-29 10:10-11:40	中心机房 2	w4.jpg
17750217	王珅	男	9-29 10:10-11:40	中心机房 4	m7.jpg

(3) 开始邮件合并。

① 选择数据源。

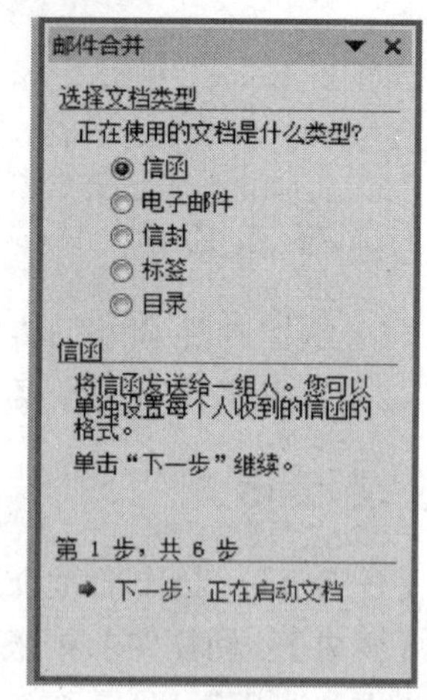

图 2-29 “邮件合并”任务窗格

- 单击“邮件”→“开始邮件合并”组→“开始邮件合并”按钮→“邮件合并分步向导”,打开“邮件合并”任务窗格,选中“信函”单选按钮,并单击“下一步: 正在启动文档”,如图 2-29 所示。
- 在打开的“选择开始文档”向导页中,选中“使用当前文档”单选按钮,单击“下一步: 选取收件人”。
- 打开“选择收件人”向导页,选中“使用现有列表”单选按钮,单击 浏览 按钮。
- 在“选取数据源”对话框中选择数据源(学生信息表所在位置),单击“打开”按钮。
- 在“选择表格”对话框中选择 Sheet1$,单击“确定”按钮。
- 在“邮件合并收件人”对话框(见图 2-30),可以根据需要取消、选中联系人。如果需要合并所有收件人,直接单击“确定”按钮。

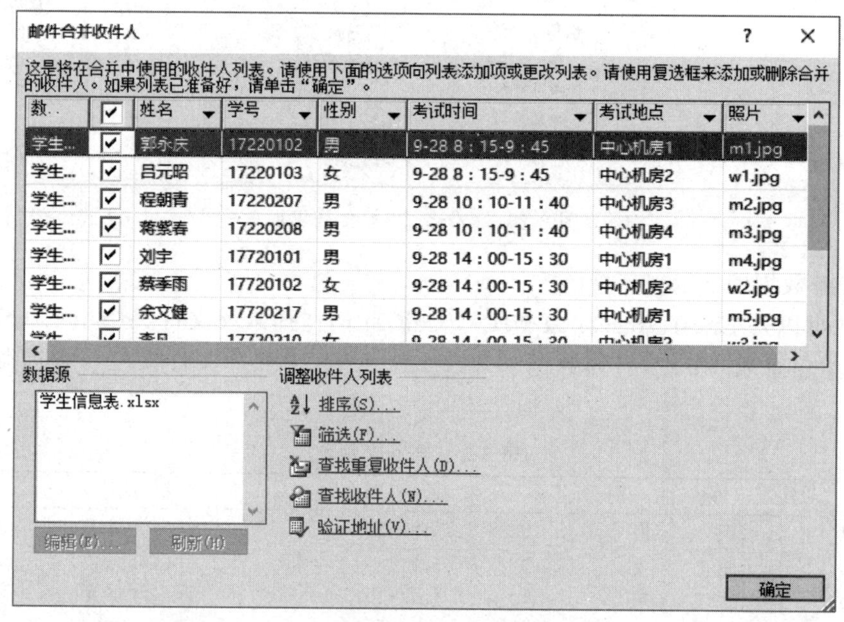

图 2-30 “邮件合并收件人”对话框

- 返回“选择收件人”向导页,单击“下一步: 撰写信函”。

② 插入合并域,预览合并结果。

将光标置于主文档的“学号”文字后,在右侧的“邮件合并”任务窗格中单击“其他项目”,在弹出的“插入合并域”对话框中选择“学号”,单击“插入”按钮,则在“学号”后插入了一个域“《学号》”,单击对话框的“关闭”按钮。

重复操作,将“姓名”“性别”等域分别插入到主文档中的相应位置,插入合并域后的效果如图 2-31 所示。此时，通过单击“邮件”→“预览结果”组→“预览结果”按钮可以查看合并后的数据效果。

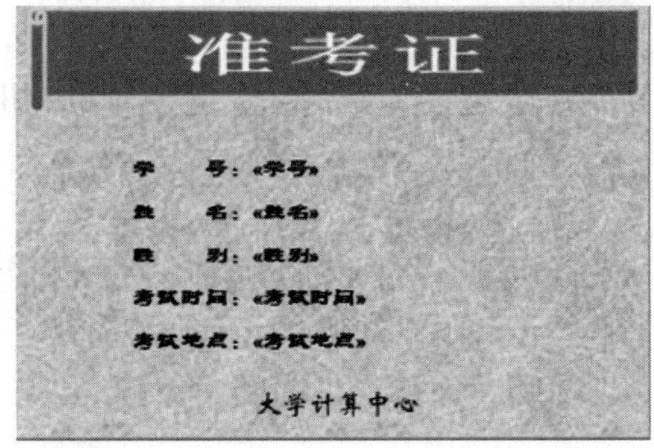

图 2-31　插入各合并域后的效果

【任务 2】　在准考证中添加照片。

【要求】　在任务 1 的结果文档中插入照片。

【操作步骤】

(1) 在“准考证”的右侧绘制一个文本框，用于放置考生照片。

添加照片

(2) 将光标定位在需要放照片的文本框中，单击“插入”→“文本”组→“文档部件”按钮，在弹出的下拉列表框中单击“域”按钮，打开“域”对话框(见图 2-32)。

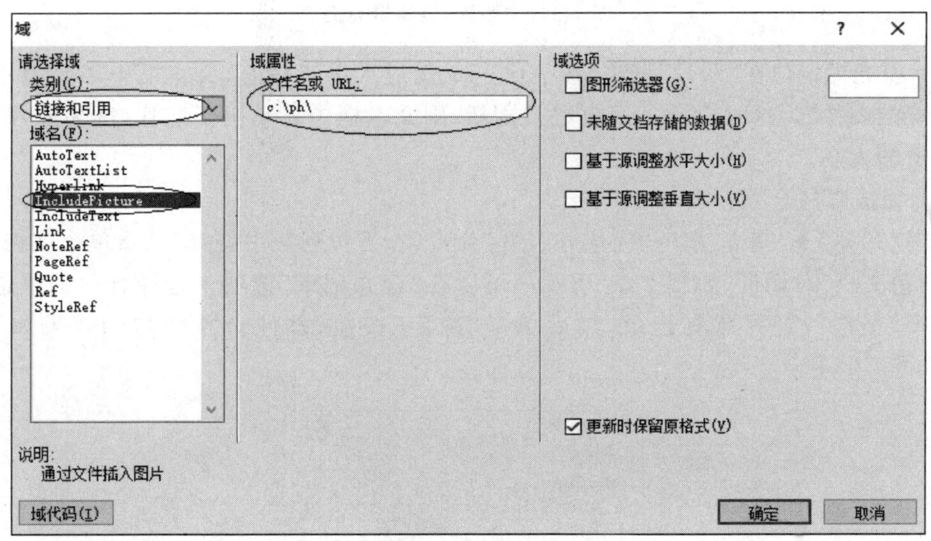

图 2-32　“域”对话框

(3) 在“类别”中选择“链接和引用”“域名”中选择 IncludePicture；在“文件名或 URL”文本框中写上照片所在文件夹(例如“c:\ph\”)，单击“确定”按钮，出现如图 2-33 所示界面。

(4) 将光标置于照片文本框中的任意位置，按 Alt+F9 键进入编辑状态，出现如图 2-34 所示代码窗口，将光标定位在“c:\\ph\\”的后双引号前，选择“邮件”→“编写和插入域”组→“插入合并域”命令，在弹出的下拉列表中单击“照片”，则插入了“照片”域。

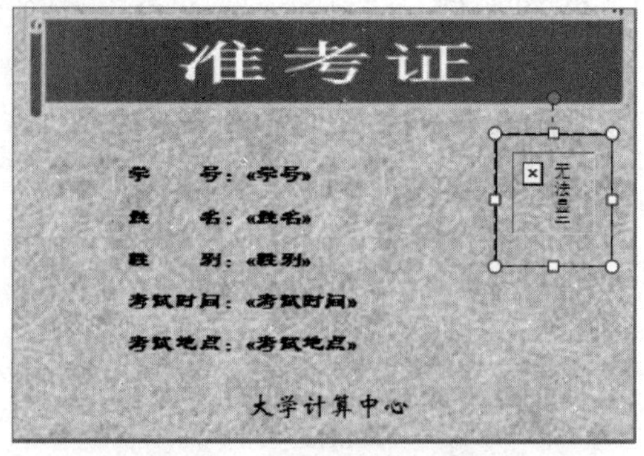

图 2-33　插入"照片"域后的界面

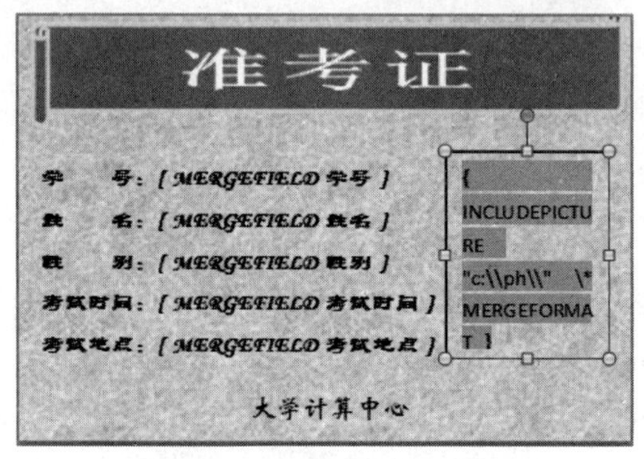

图 2-34　"照片"域编辑界面

(5) 将光标定位在"照片"域中，按 Alt＋F9 键进入编辑状态，文本框中还是显示"无法显示链接的图像"。这时，再按 F9 键进行刷新，则文本框中显示出了照片，调整照片使其适应文本框的大小。

(6) 完成邮件合并。

选择"邮件"→"完成"组→"完成并合并"命令，在下拉列表中选择"编辑单个文档"，打开"合并到新文档"对话框，如图 2-35 所示。可以在"合并记录"选项中选择合适的单选按钮，这里选择"全部"，合并所有记录，然后单击"确定"按钮，邮件合并的初始效果如图 2-36 所示。

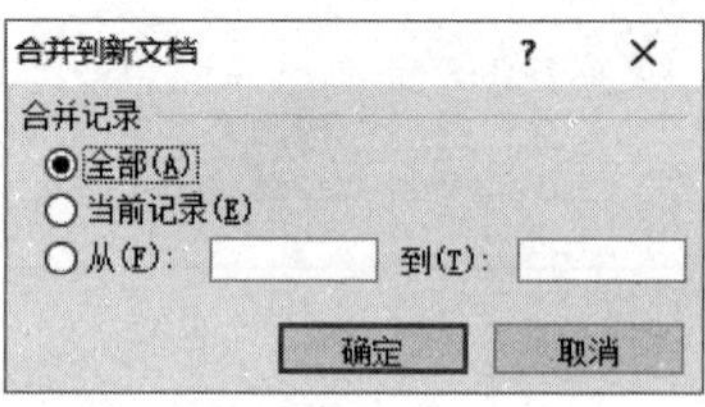

图 2-35　"合并到新文档"对话框

(7) 依次在每个照片框中按 F9 键，刷新照片，保存文档。如图 2-37 所示为邮件合并最后效果。

(8) 保存文档。

图 2-36　邮件合并初始效果

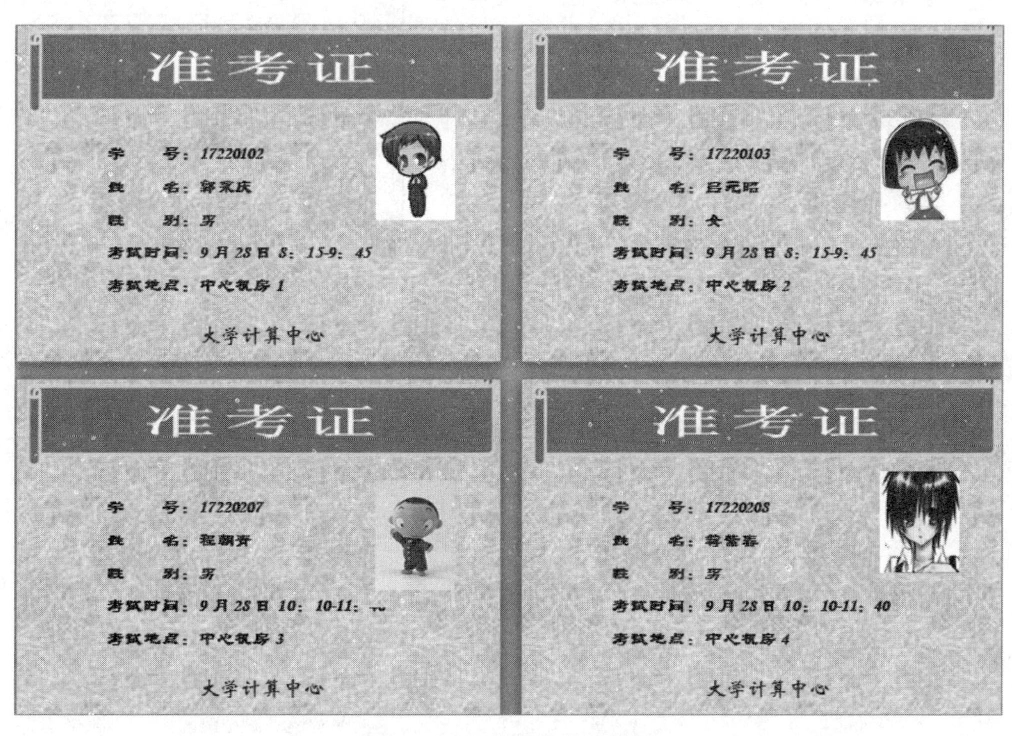

图 2-37　邮件合并最后效果

三、实验作业

以下操作在素材“邀请函.docx”中进行。请按以下要求制作会议邀请函。

(1) 将文档中“会议议程:”段落后的7行文字转换为3列、7行的表格,并根据窗口大小自动调整表格列宽。

(2) 为制作完成的表格套用“中等深浅底纹1-强调文字颜色6”样式。

(3) 为了可以在以后的邀请函制作中再利用会议议程内容,将文档中的表格内容保存至“表格”部件库,并将其命名为“会议议程”。

(4) 将文档中几处日期均调整为自动更新的格式,日期格式显示为“××××年××月××日”。

(5) 在“尊敬的”文字后面,插入拟邀请的客户姓名和称谓。拟邀请的客户姓名在素材“通讯录.xlsx”文件中,客户称谓则根据客户性别自动显示为“先生”或“女士”,例如“范俊弟(先生)”“黄雅玲(女士)”。

(6) 每个客户的邀请函占1页内容,且每页邀请函中只能包含1位客户姓名,所有的邀请函页面另存为“会议邀请函.docx”,如果需要,删除“会议邀请函.docx”文件中的空白页面。

(7) 邀请函文档制作完成后,以原名(邀请函.docx)保存。

☞**提示:**

(1) 将表格存为文档部件。

① 选中表格,单击“插入”→“文本”组→“文档部件”下拉列表,选择“将所选内容保存到文档部件库”,打开“新建构建基块”对话框,如图2-38所示。

② “新建构建基块”对话框中,在“库”右侧的下拉列表中选中“表格”,在“名称”栏中输入表格部件的名称——“会议议程”。

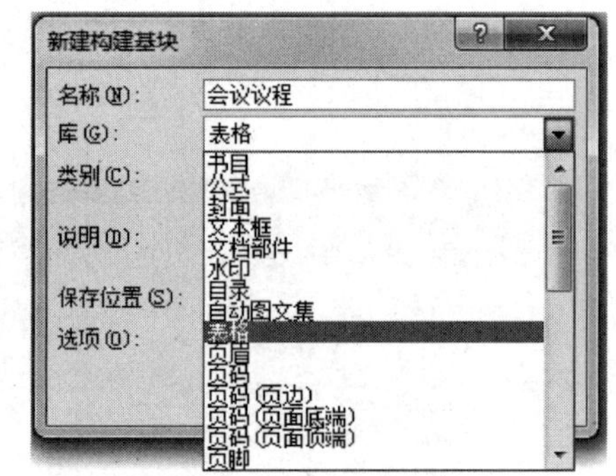

图2-38 “新建构建基块”对话框

(2) 根据性别自动显示“先生”或“女士”。

单击“邮件”→“编写和插入域”组→“规则”右侧箭头,选择“如果……那么……否则”,弹出“插入Word域: IF”对话框,按如图2-39所示设置“域名”、选择“性别”,其他根据图片填写好相应内容。

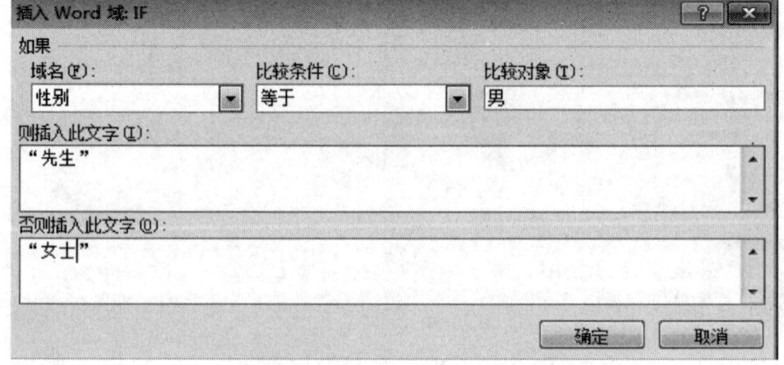

图2-39 设置条件对话框

第3章 电子表格处理

实验3-1 工作表的编辑与格式化

一、实验目的

(1) 掌握工作表的创建和保存方法。

(2) 掌握数据的导入和输入方法。

(3) 掌握单元格的格式设置方法。

二、实验示例

以下任务需要使用素材"某公司销售额统计数据.txt"。

【任务1】 新建工作表,导入素材文本文件中的全部数据。

【操作步骤】

(1) 新建空白工作簿文件,将文档命名为"销售额统计表.xlsx"。

(2) 导入素材数据。

① 设置Sheet1为活动工作表,单击"数据"选项卡"获取外部数据"功能组中的"自文本"(见图3-1),选择需导入的文件路径,单击"导入"按钮。

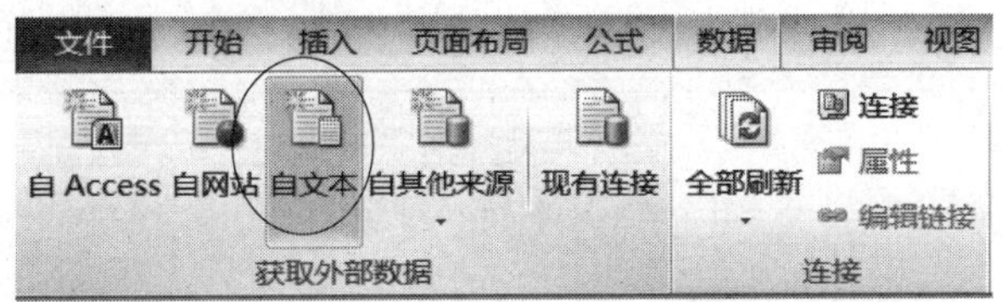

图3-1 "数据"选项卡"获取外部数据"功能组

② 在弹出的"文本导入向导"对话框中根据提示进行设置(见图3-2),单击"完成"按钮。

③ 在Sheet1标签上右击,在弹出的快捷菜单上选择"重命名",输入新表名为"各分公司销售统计表"(见图3-3)。

【任务2】 插入批注。

【要求】 为"南部分公司"单元格添加批注,内容为"新成立"。

【操作步骤】

(1) 选中"南部分公司"单元格并右击,在弹出的快捷菜单中选择"插入批注"。

(2) 输入批注内容时,先将默认出现在批注中的文字删除后再输入,如图3-4所示。

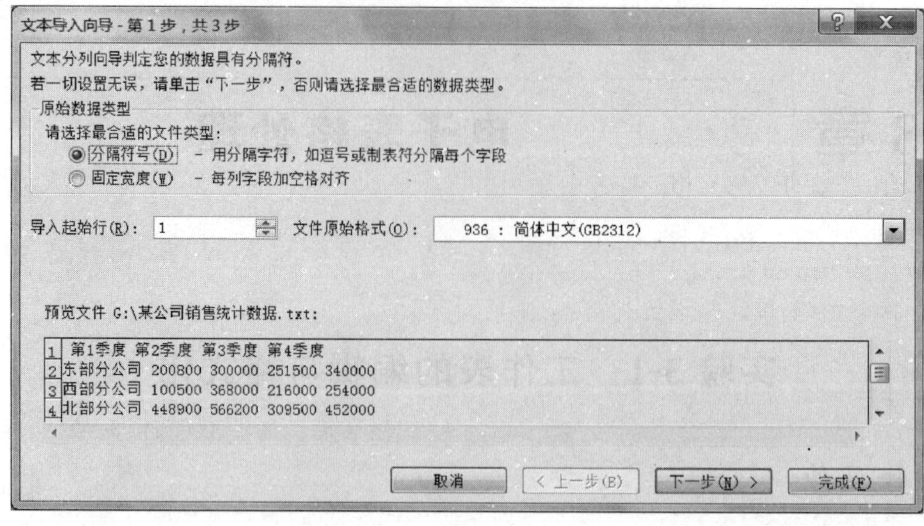

(a)

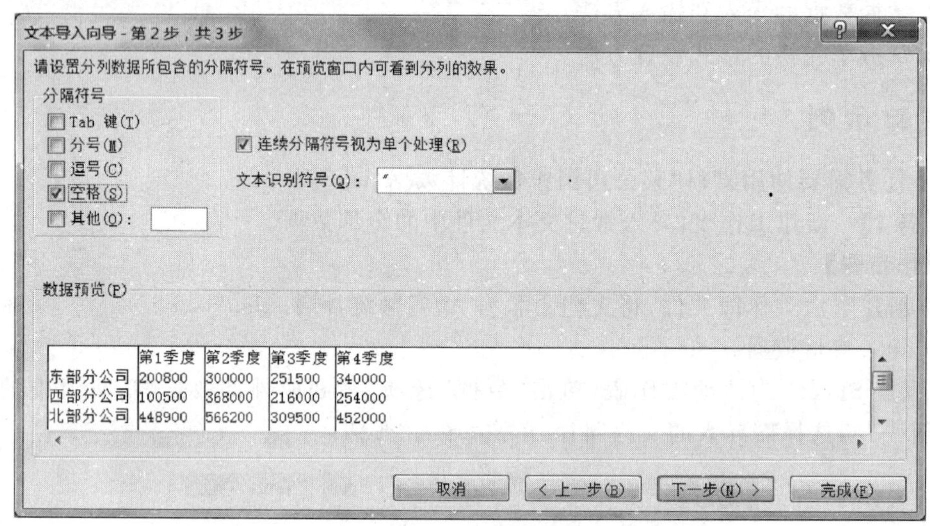

(b)

图 3-2　文本导入向导设置

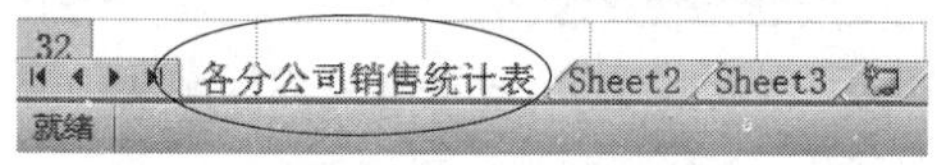

图 3-3　工作表重命名

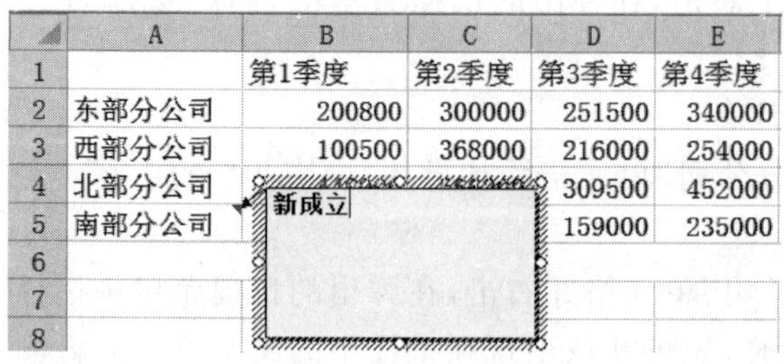

	A	B	C	D	E
1		第1季度	第2季度	第3季度	第4季度
2	东部分公司	200800	300000	251500	340000
3	西部分公司	100500	368000	216000	254000
4	北部分公司			309500	452000
5	南部分公司			159000	235000
6					
7					
8					

图 3-4　批注设置

【任务3】 设置单元格格式。

【要求】

(1) 在“各分公司销售统计表”第1行前插入新行。在A1单元格中输入“某公司产品销售额统计表”。

(2) 合并A1:E1单元格；将表中全部数据字体设置为黑体、14号，对齐方式设置为水平居中和垂直居中；将表中全部数值内容设置为保留小数点后两位，添加人民币符号；为表格添加粗实线外边框、双实线内边框；将A1:E1单元格填充为“茶色，背景2”。

(3) 将A1:E6单元格设置为“自动调整列宽”。

【操作步骤】

(1) 插入新行并输入表格标题。

在第1行任意单元格上右击，在快捷菜单中选择“插入”，在打开的“插入”对话框中选择“整行”，如图3-5所示。在A1单元格中输入标题文字。

☞**提示**：插入新行的另一种方法是，在行号1上右击，在快捷菜单中选择“插入”。

(2) 设置单元格格式。

① 选中A1:E1单元格，右击，在快捷菜单中选择“设置单元格格式”。在“设置单元格格式”对话框的“对齐”选项卡中的“文本控制”中勾选“合并单元格”(见图3-6)，在“填充”选项卡中的“背景色”中选择“茶色，背景2”。

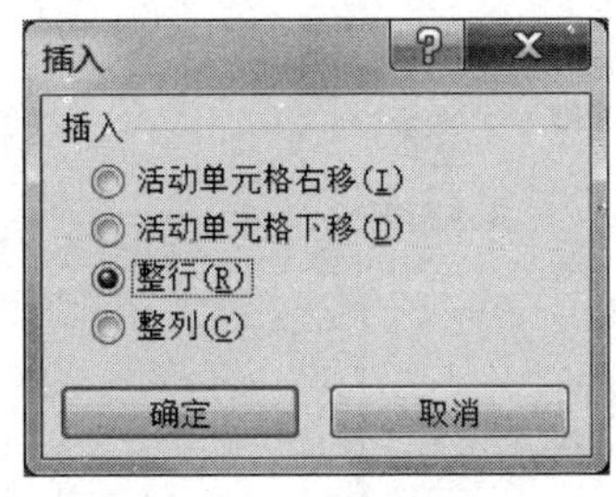

图3-5 “插入”对话框

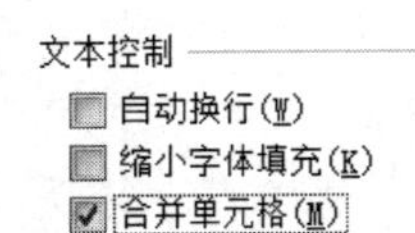

图3-6 合并单元格选项

☞**提示**：在设置背景色时，当鼠标悬浮在“背景色”色块上时，并不显示该色块对应的颜色名称，只能通过“图案颜色”下拉菜单中的色块(见图3-7)来查看对应位置的色块颜色名称。

☞**提示**：在“设置单元格格式”对话框的“对齐”选项卡下，设置“水平对齐”方式为“跨列居中”，也可实现类似合并单元格的视觉效果。

② 选中A1:E6单元格，在“设置单元格格式”对话框的“字体”“对齐”和“边框”选项卡下分别按要求设置字体、字号、对齐方式和内外边框。

③ 选中B3:E6单元格，在“设置单元格格式”对话框的“数字”选项卡“分类”中的“数值”项设置小数位数和货币符号，如图3-8所示。

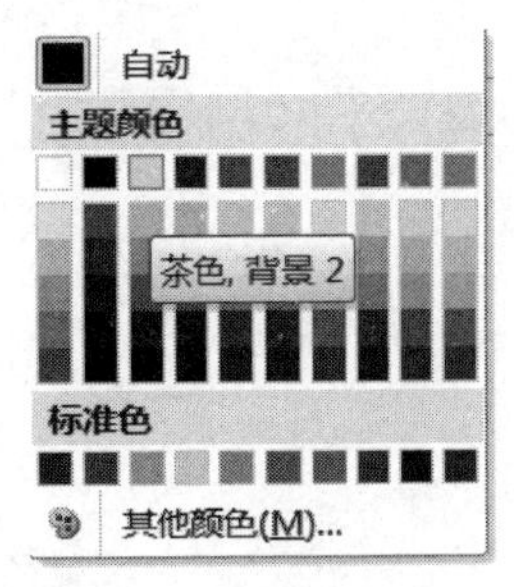

图3-7 设置填充色菜单

(3) 设置“自动调整列宽”。

选中A1:E6单元格，选择“开始”选项卡→“单元格”组→“格式”→“自动调整列宽”，如图3-9所示。

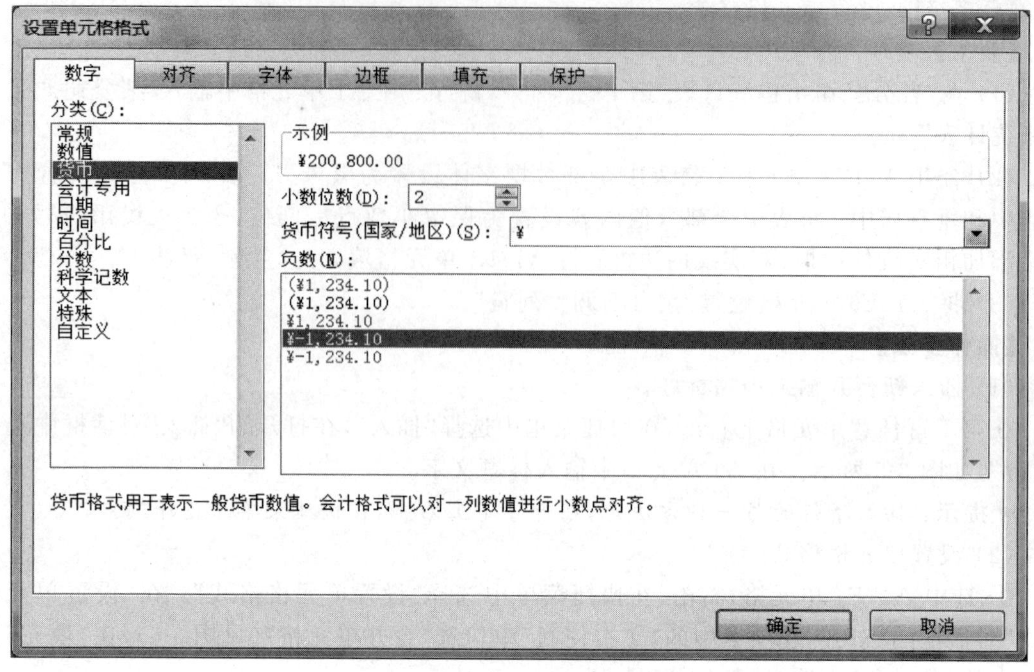

图 3-8　数值内容设置

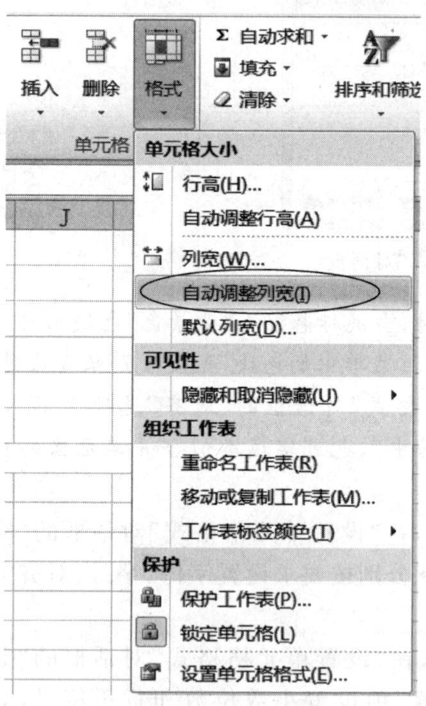

图 3-9　自动调整列宽

【任务 4】 设置条件格式。

【要求】 将销售额低于 100000 元的单元格设置为“浅红色填充”；将销售额高于

400000 元的单元格的字体颜色设置为“蓝色”，填充背景色设置为“黄色”。

【操作步骤】

（1）选中 B3:E6 单元格，选择“开始”→“样式”组→“条件格式”→“突出显示单元格规则”→“小于”，在弹出的“小于”对话框中设置数值低于 100000 的单元格格式为“浅红色填充”，如图 3-10 所示。

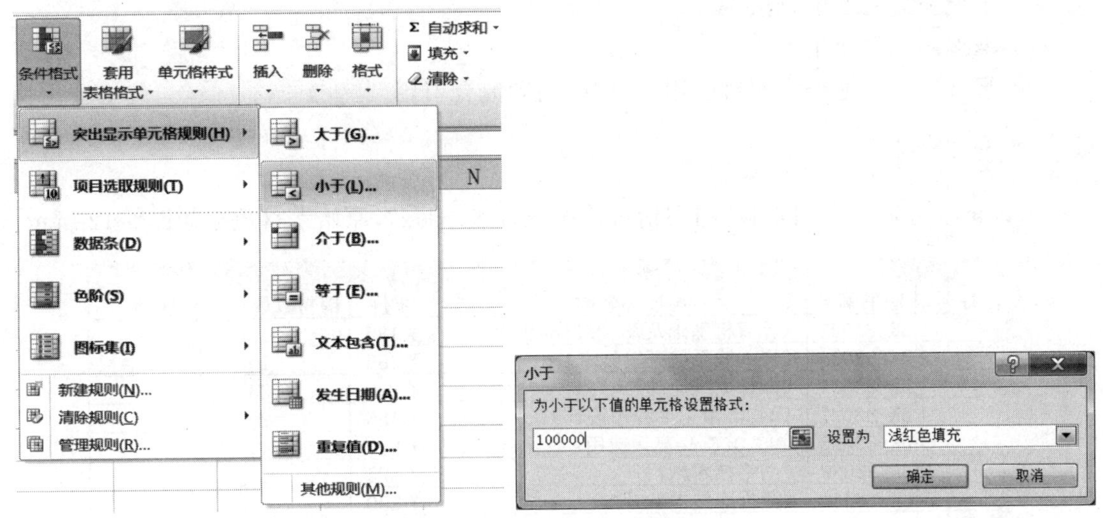

图 3-10　条件格式的设置流程

（2）重复上述操作步骤，在“大于”对话框中设置数值高于 400000 的单元格的“自定义格式”为字体颜色“蓝色”，填充背景色为“黄色”。设置完成后的效果如图 3-11 所示。

1	某公司产品销售额统计表				
2		第1季度	第2季度	第3季度	第4季度
3	东部分公司	¥200,800.00	¥300,000.00	¥251,500.00	¥340,000.00
4	西部分公司	¥100,500.00	¥368,000.00	¥216,000.00	¥254,000.00
5	北部分公司	¥448,900.00	¥566,200.00	¥309,500.00	¥452,000.00
6	南部分公司	¥42,570.00	¥87,500.00	¥159,000.00	¥235,000.00

图 3-11　实验 3-1 完成效果图

三、实验作业

本实验作业在素材“作业文档 1.xlsx”中完成。

（1）自动调整“销售情况表”表数据区域的列宽、行高。

（2）将第 1 行的行高设置为第 2 行行高的 2 倍(28.5)。

（3）设置数据区域各单元格内容水平居中和垂直居中。

（4）更改标题“某公司销售情况表格”的字体为黑体，字号为 16 号。

（5）将数据区域套用表格格式“表样式中等深浅 27”，数据区域包含标题。

实验 3-2 公式与函数

一、实验目的

（1）掌握公式的使用方法。

（2）掌握函数的使用方法。

（3）掌握单元格地址的相对引用、绝对引用和混合引用。

二、实验示例

1. 以下任务需要使用素材"图书销售情况统计表.xlsx"，原始素材数据如图 3-12 所示。

	A	B	C	D	E	F
1	序号	图书编号	图书名称	单价	销售数量	销售额
2	1	BK-83021	《计算机基础及MS Office应用》	¥185	18	
3	2	BK-83033	《嵌入式系统开发技术》	¥185	19	
4	3	BK-83034	《操作系统原理》	¥230	23	
5	4	BK-83027	《MySQL数据库程序设计》	¥185	20	
6	5	BK-83028	《MS Office高级应用》	¥210	40	
7	6	BK-83029	《网络技术》	¥225	40	
8	7	BK-83030	《数据库技术》	¥230	50	
9	8	BK-83031	《软件测试技术》	¥195	21	
10	9	BK-83035	《计算机组成与接口》	¥189	22	
11	10	BK-83022	《计算机基础及Photoshop应用》	¥220	40	
12	11	BK-83023	《C语言程序设计》	¥245	70	
13	12	BK-83032	《信息安全技术》	¥185	18	
14	13	BK-83036	《数据库原理》	¥190	21	

图 3-12 图书销售情况统计表原始素材数据

【任务】 使用公式计算图书"销售额"。

【操作步骤】

（1）在 F2 单元格内输入"=D2 * E2"，按 Enter 键结束，如图 3-13 所示。

	A	B	C	D	E	F
1	序号	图书编号	图书名称	单价	销售数量	销售额
2	1	BK-83021	《计算机基础及MS Office应用》	¥185	18	¥ 3,330
3	2	BK-83033	《嵌入式系统开发技术》	¥185	19	¥ 3,515
4	3	BK-83034	《操作系统原理》	¥230	23	¥ 5,290
5	4	BK-83027	《MySQL数据库程序设计》	¥185	20	¥ 3,700
6	5	BK-83028	《MS Office高级应用》	¥210	40	¥ 8,400
7	6	BK-83029	《网络技术》	¥225	40	¥ 9,000
8	7	BK-83030	《数据库技术》	¥230	50	¥ 11,500
9	8	BK-83031	《软件测试技术》	¥195	21	¥ 4,095
10	9	BK-83035	《计算机组成与接口》	¥189	22	¥ 4,158
11	10	BK-83022	《计算机基础及Photoshop应用》	¥220	40	¥ 8,800
12	11	BK-83023	《C语言程序设计》	¥245	70	¥ 17,150
13	12	BK-83032	《信息安全技术》	¥185	18	¥ 3,330
14	13	BK-83036	《数据库原理》	¥190	21	¥ 3,990

图 3-13 "销售额"计算完成效果

(2) 将光标置于 F2 单元格右下角，当光标图案变为填充柄“**十**”时，按住鼠标左键将公式向下填充至 F14 单元格。任务完成效果如图 3-13 所示。

2. 以下任务需使用素材“学生成绩分析表.xlsx”，原始素材数据如图 3-14 所示。

	A	B	C	D	E	F	G	H	I
1	学生成绩表								
2	姓名	高等数学	大学英语	体育	大学物理	总分	平均分	等级	名次
3	汪阳	65	71	65	42				
4	霍悦仁	89	66	96	88				
5	李拳	65	71	80	64				
6	周大鹏	100	73	82	64				
7	赵安顺	99	89	91	94				
8	钱文	78	23	70	61				
9	孙颐	81	64	61	81				
10	王安	90	99	100	85				
11	郝康康	89	96	80	65				
12	李萌	90	78	87	59				
13	李大伟	85	77	51	67				
14	最高分								
15	最低分								

	K	L	M
1	等级 / 大学物理	及格	不及格
2	人数		
3	比例		
4	平均分		
7	总人数:	11	

图 3-14　学生成绩分析表原始素材数据

【任务 1】 使用函数计算“总分”“平均分”“最高分”和“最低分”。

【操作步骤】

(1) 计算“总分”。

① 选中 F3 单元格，单击编辑栏左侧的“插入函数”按钮 f_x（见图 3-15），在弹出的“插入函数”对话框中选择函数 SUM，单击“确定”按钮，在之后打开的“函数参数”对话框中设置函数参数为 B3:E3，单击“确定”按钮，如图 3-16 所示。上述步骤设置完成后 F3 单元格编辑栏中自动出现函数完整表达式，如图 3-17 所示。

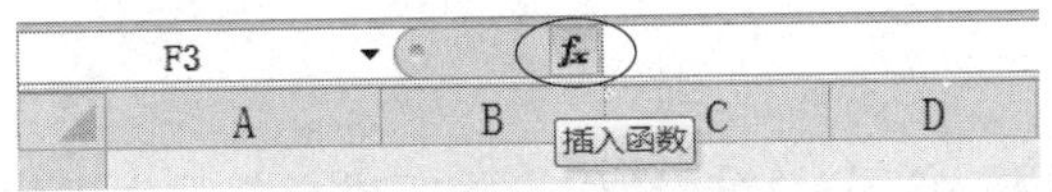

图 3-15　“插入函数”按钮

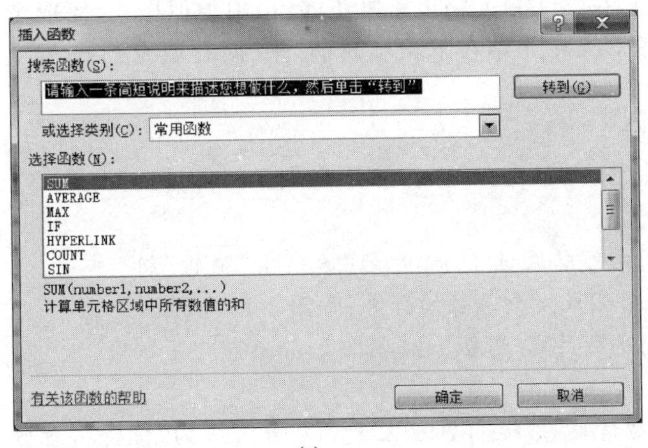

(a)

图 3-16　插入函数操作流程

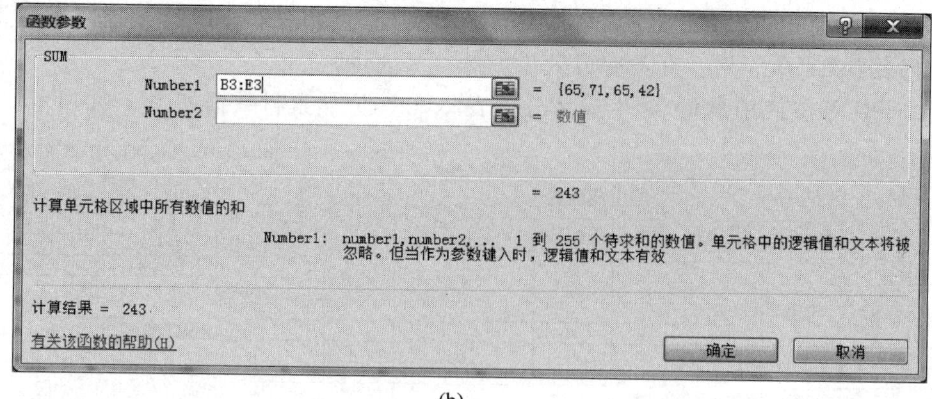

(b)

图 3-16 （续）

☞**提示**：也可以选择“公式”→“函数库”组→“插入函数”，打开“插入函数”对话框。

☞**提示**：设置函数参数的方式有两种：通过拖动鼠标选择连续单元格区域，另外也可以手动输入连续单元格区域。手动输入函数时系统也会自动给出输入提示信息，如图 3-18 所示。

图 3-17 F3 单元格函数计算表达式

总分
=SUM(B3:E3)
SUM(**number1**, [number2], ...)

图 3-18 手动输出函数时的系统提示信息

② 将光标置于 F3 单元格右下角，当光标图案变为填充柄“**+**”时，按住鼠标左键将函数向下填充至 F13 单元格。

(2) 计算“平均分”。

使用 AVERAGE 函数，参照“总分”操作步骤完成全部学生平均分的函数填充。

(3) 计算“最高分”。

使用 MAX 函数，在 B14 单元格上重复步骤(1)中类似操作，完成全部科目最高分的函数填充。注意：利用 B14 单元格右下角填充柄“**+**”向右填充至 E14 单元格。

(4) 计算“最低分”。

使用 MIN 函数，参照“最高分”操作步骤完成全部科目最低分的函数填充。

☞**提示**：任务 1 也可以通过单击“开始”选项卡“编辑”组中的“自动求和”按钮，完成 4 个函数的计算，如图 3-19 所示。

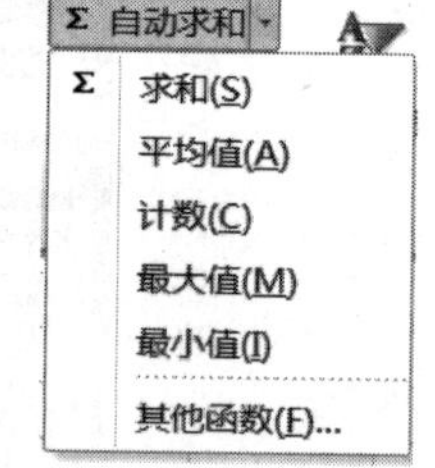

图 3-19 自动求和按钮功能

【任务 2】 使用函数计算“等级”和“名次”。

【要求】

(1) 使用 IF 函数计算“等级”，总分大于 360 分等级为“优秀”，总分小于或等于 260 分等级为不合格，其余数值范围等级为“合格”。注意 IF 函数的嵌套用法。

(2) 使用 RANK 函数计算“名次”，注意单元格地址的绝对引用方法。

(3) 使用公式和函数计算大学物理科目的及格与不及格的“人数”“比例”和“平均分”，

计算“比例”时需要使用 L7 单元格中的总人数值。注意函数和公式的混合使用方法。

【操作步骤】

(1) 计算“等级”。

在 H3 单元格内输入如图 3-20 所示的函数计算表达式,按 Enter 键结束。使用 H3 单元格右下角填充柄将函数填充至 H13 单元格。

图 3-20 H3 单元格函数计算表达式

(2) 计算“名次”。

在 I3 单元格内输入如图 3-21 所示的函数计算表达式,按 Enter 键结束。使用 I3 单元格右下角填充柄将函数填充至 I13 单元格。注意:“$”符号既可以手动输入,也可以使用 F4 键切换,具体操作方法参照配套教材相关章节,此处不再赘述。

文件 开始 插入 页面布局 公式 数据 审阅 视图 加载项

I3 =RANK(F3,F$3:F$13)

图 3-21 I3 单元格函数计算表达式

☞**提示**:向下填充函数时,函数参数中的“行号”相对地址会自动递增。用来统计名次的总分范围是固定的,属于绝对地址引用,所以总分“行号”地址前必须添加“$”符号。

(3) 计算大学物理科目的“及格”和“不及格”人数与比例。

① 在 L2 单元格内输入函数“=COUNTIF(E3:E13,"＞=60")”。

② 在 M2 单元格内输入函数“=COUNTIF(E3:E13,"＜60")”。

③ 在 L3 单元格内输入函数“=L2/$L7”,将函数向右拖动填充至 M3 单元格。

☞**提示**:向右填充函数时,函数参数中的“列标”相对地址会自动递增。用来计算人数比例的总人数是固定内容,属于绝对引用,所以总人数单元格“列标”地址前必须添加“$”符号。

④ 在 L4 单元格内输入函数“=SUMIF(E3:E13,"＞=60",E3:E13)/L2”。

⑤ 在 M4 单元格内输入函数“=SUMIF(E3:E13,"＜60",E3:E13)/M2”,任务完成效果如图 3-22 所示。

	A	B	C	D	E	F	G	H	I	J	K	L	M
1	学生成绩表										等级 大学物理	及格	不及格
2	姓名	高等数学	大学英语	体育	大学物理	总分	平均分	等级	名次		人数	9	2
3	汪阳	65	71	65	42	243	61	不合格	10		比例	82%	18%
4	霍悦仁	89	66	96	88	339	85	合格	3		平均分	74.33	50.50
5	李挚	65	71	80	64	280	70	合格	8				
6	周大鹏	100	73	82	64	319	80	合格	5				
7	赵安顺	99	89	91	94	373	93	优秀	2		总人数:	11	
8	钱文	78	23	70	61	232	58	不合格	11				
9	孙颐	81	64	61	81	287	72	合格	7				
10	王安	90	99	100	85	374	94	优秀	1				
11	郝康康	89	96	80	65	330	83	合格	4				
12	李萌	90	78	87	59	314	79	合格	6				
13	李大伟	85	77	51	67	280	70	合格	8				
14	最高分	100	99	100	94								
15	最低分	65	23	51	42								

图 3-22 “学生成绩分析表”完成效果图

3. 以下任务需要使用素材“期末成绩统计表.xlsx”，共包含“期末成绩统计表”和“姓名对照表”两张工作表。原始素材数据如图 3-23 所示。

	A	B	C	D	E	F	G	H
1	学号	大学语文	高等数学	大学英语	思想道德(	大学体育	大学物理	大学计算机基础
2	180305	91.5	89	94	92	91	86	86
3	180203	93	99	92	86	86	73	92
4	180104	82	78	66	78	88	86	73
5	180301	99	98	55	95	91	95	78
6	180306	90	94	99	90	87	95	93
7	180206	67	73	67	88	89	78	90
8	180302	78	95	94	82	90	93	84
9	180204	95.5	92	96	84	95	91	92
10	180201	93.5	66	96	100	93	92	93
11	180304	95	97	72	93	95	92	88
12	180103	95	85	99	98	92	92	88
13	180105	88	98	81	89	73	95	91
14	180202	86	67	89	88	92	88	89
15	180205	93	75	85	93	93	90	86

图 3-23 期末成绩统计表原始素材数据

【任务 1】 查找学号对应的姓名。

查找学号对应姓名

【要求】 在“学号”列右侧插入一个新列，列标题是“姓名”；利用 VLOOKUP 函数从“姓名对照表”里查找相应学号对应的姓名填入“姓名”列中。

【操作步骤】

(1) 选中 B1 单元格，右击，在弹出的快捷菜单中选择“插入”。选择“插入”对话框中的“整列”选项按钮。将新插入列标题设置为“姓名”。

(2) 选中 B2 单元格，在编辑栏中输入函数“=VLOOKUP(A2,姓名对照表!$A$2:$B$15,2,FALSE)”。

(3) 将 B2 单元格函数利用填充柄向下填充至 B15 单元格，填充后效果如图 3-24 所示。

B2　=VLOOKUP(A2,姓名对照表!$A$2:$B$15,2,FALSE)

	A	B	C	D	E	F	G	H	I
1	学号	姓名	大学语文	高等数学	大学英语	思想道德(	大学体育	大学物理	大学计算机基础
2	180305	曾明	91.5	89	94	92	91	86	86
3	180203	谢如金	93	99	92	86	86	73	92
4	180104	齐飞	82	78	66	78	88	86	73
5	180301	杜江	99	98	55	95	91	95	78
6	180306	张桂花	90	94	99	90	87	95	93
7	180206	孙玉敏	67	73	67	88	89	78	90
8	180302	陈万	78	95	94	82	90	93	84
9	180204	刘锋	95.5	92	96	84	95	91	92
10	180201	王华	93.5	66	96	100	93	92	93
11	180304	李娜	95	97	72	93	95	92	88
12	180103	闫彩霞	95	85	99	98	92	92	88
13	180105	倪冬	88	98	81	89	73	95	91
14	180202	包伟	86	67	89	88	92	88	89
15	180205	关羽	93	75	85	93	93	90	86

图 3-24 “姓名”查找完成效果

【任务 2】 根据学号计算学生所在班级。

根据学号计算学生所在班级

【要求】 在"大学语文"列左侧插入一个新列，列标题是"班级"；"学号"中第 4 个字符即是班级，利用 MID 函数截取"学号"中的第 4 个字符。

【操作步骤】

(1) 选中 C1 单元格并右击，在弹出的快捷菜单中选择"插入"。选择"插入"对话框中的"整列"选项按钮。将新插入列标题设置为"班级"。

(2) 选中 C2 单元格，在编辑栏中输入函数"=MID(A2,4,1)&"班"",如图 3-25 所示，按 Enter 键结束。

文件 开始 插入 页面布局 公式 数据 审阅 视图

C2 fx =MID(A2,4,1)&"班"

图 3-25 MID 函数计算表达式

(3) 将 C2 单元格函数利用填充柄向下填充至 C15 单元格，班级显示效果如图 3-26 所示。

	A	B	C	D	E	F	G	H	I	J
1	学号	姓名	班级	大学语文	高等数学	大学英语	思想道德	大学体育	大学物理	大学计算机基础
2	180305	曾明	3班	91.5	89	94	92	91	86	86
3	180203	谢如金	2班	93	99	92	86	86	73	92
4	180104	齐飞	1班	82	78	66	78	88	86	73
5	180301	杜江	3班	99	98	55	95	91	95	78
6	180306	张桂花	3班	90	94	99	90	87	95	93
7	180206	孙玉敏	2班	67	73	67	88	89	78	90
8	180302	陈万	3班	78	95	94	82	90	93	84
9	180204	刘锋	2班	95.5	92	96	84	95	91	92
10	180201	王华	2班	93.5	66	96	100	93	92	93
11	180304	李娜	3班	95	97	72	93	95	92	88
12	180103	闫彩霞	1班	95	85	99	98	92	92	88
13	180105	倪冬	1班	88	98	81	89	73	95	91
14	180202	包伟	2班	86	67	89	88	92	88	89
15	180205	关羽	2班	93	75	85	93	93	90	86

图 3-26 "班级"计算完成效果

三、实验作业

本实验作业在素材"作业文档 2. xlsx"中完成。

(1) 在"销售情况表"表"咨询商品编码"与"预购类型"之间插入新列，列标题为"商品单价"，利用公式将工作表"商品单价"中对应的价格填入该列。

(2) 在"销售情况表"表"成交数量"与"销售经理"之间插入新列，列标题为"成交金额"，根据"成交数量"和"商品单价"利用公式计算并填入"成交金额"。

(3) 打开"月统计表"工作表，利用公式计算每位销售经理每月的成交金额。

(4) 计算"月统计表"工作表中的"总和"列和"总计"行。

实验 3-3 数据图表

一、实验目的

(1) 掌握图表的创建方法。

(2) 掌握图表的编辑方法。

二、实验示例

以下任务需使用素材"销售额统计表.xlsx",原始素材数据如图 3-27 所示。

	A	B	C	D	E
1	分公司	第1季度	第2季度	第3季度	第4季度
2	东部分公司	¥200,800	¥300,000	¥251,500	¥340,000
3	西部分公司	¥100,500	¥368,000	¥216,000	¥254,000
4	北部分公司	¥448,900	¥566,200	¥309,500	¥452,000
5	南部分公司	¥42,570	¥87,500	¥159,000	¥235,000

图 3-27　实验 3-3 原始素材数据

【任务 1】 建立簇状柱形图,完成效果如图 3-28 所示。

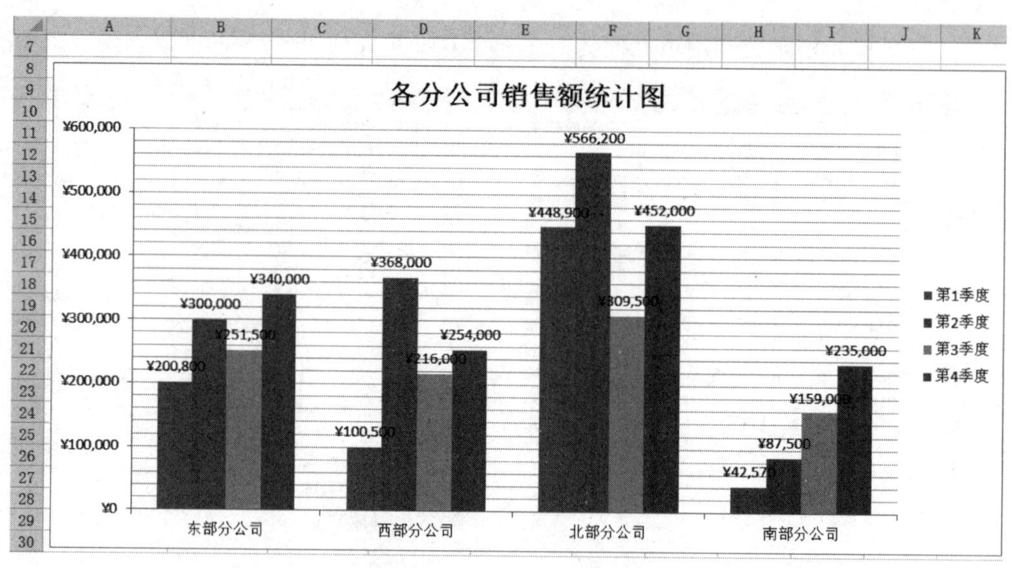

图 3-28　实验 3-3 任务 1 完成效果图

【要求】 以 A1:E5 单元格区域为数据源,建立簇状柱形图；添加图表标题"各分公司销售额统计图",添加数据标签,添加横向次要网格线；切换数据源中的"行/列"系列；将图表对象放置在 A8:K30 单元格区域内。

【操作步骤】

(1) 建立"簇状柱形图"。

选中 A1:E5 单元格,选择"插入"→"图表"组→"柱形图"→"簇状柱形图"命令(见图 3-29)。

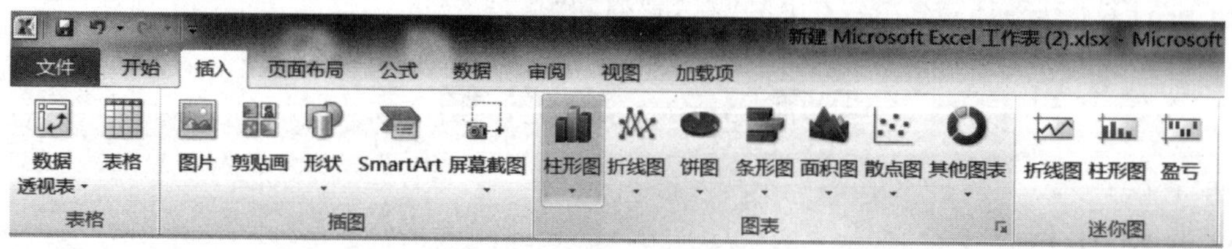

图 3-29　"插入"选项卡"图表"组

(2) 添加图表标题。

选中图表对象,选择"图表工具|布局"→"标签"组→"图表标题"(见图 3-30)→"图表上方"命令,将默认的图表标题修改为"各分公司销售额统计图"。

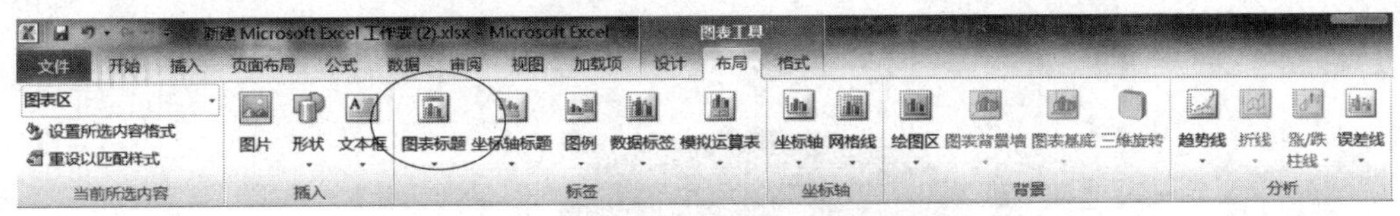

图 3-30 "图表工具|布局"选项卡

(3) 添加数据标签。

选中图表对象,选择"图表工具|布局"→"标签"组→"数据标签"→"数据标签外"命令。

(4) 添加横向次要网格线。

选中图表对象,选择"图表工具|布局"→"坐标轴"组→"网格线"→"主要横网格线"→"次要网格线"命令。图表完成效果如图 3-31 所示。

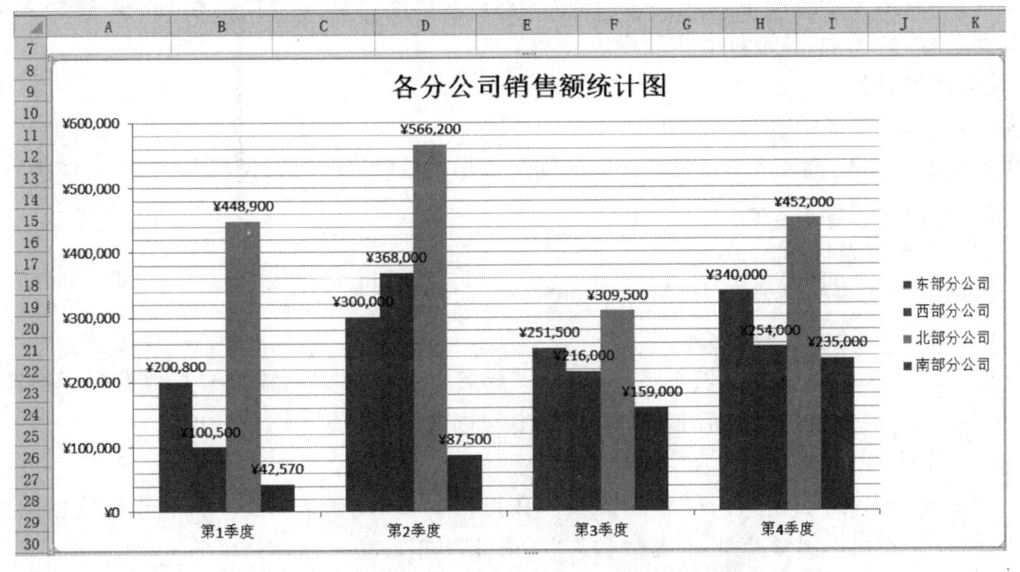

图 3-31 实验 3-3 任务 1 前(4)步骤完成效果图

(5) 切换"行/列"系列。

在图表对象上右击,选择"选择数据"。在弹出的"选择数据源"对话框中单击"切换行/列"按钮,切换行列前后对比效果如图 3-32 所示。

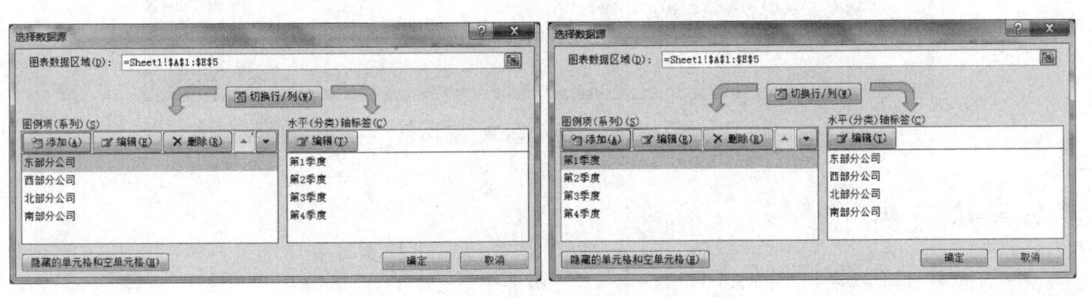

图 3-32 "切换行/列"前后对比效果

(6) 选中图表对象,先将图表对象左上角移动至 A8 单元格处,然后将鼠标放到图表对象右下角,当鼠标图案变成双向箭头时,按下鼠标左键同时拖动鼠标至 K30 单元格处。

【任务 2】 建立饼图,完成效果如图 3-33 所示。

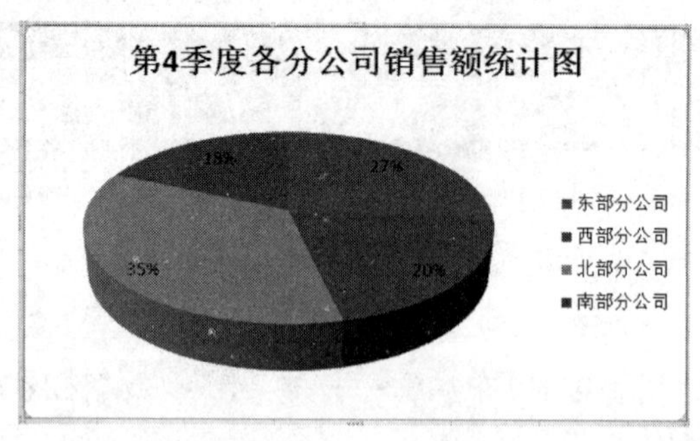

图 3-33 实验 3-3 任务 2 图表完成效果图

【要求】 以 A1:A5,E1:E5 两个不连续单元格区域为数据源,建立三维饼图;将图表标题设置为"第 4 季度各分公司销售额统计图";为饼图添加百分比数据标签;将图表对象放置到名称为"图表 1"的新工作表中。

【操作步骤】

(1) 建立"三维饼图"。

先选中 A1:A5 单元格,按下 Ctrl 键的同时选中 E1:E5 单元格,选择"插入"→"图表"组→"饼图"→"三维饼图"命令。

(2) 修改图表标题。

将默认的图表标题修改为"第 4 季度各分公司销售额统计图"。

(3) 添加百分比数据标签。

选中图表对象,选择"图表工具|布局"→"标签"组→"数据标签"→"其他数据标签选项"命令,在弹出的"设置数据标签格式"对话框中勾选"标签选项"为"百分比"。

(4) 移动图表。

选中图表对象,右击,选择"移动图表",在弹出的"移动图表"对话框中选择放置图表的位置为"新工作表",并将新工作表命名为"图表 1",如图 3-34 所示。

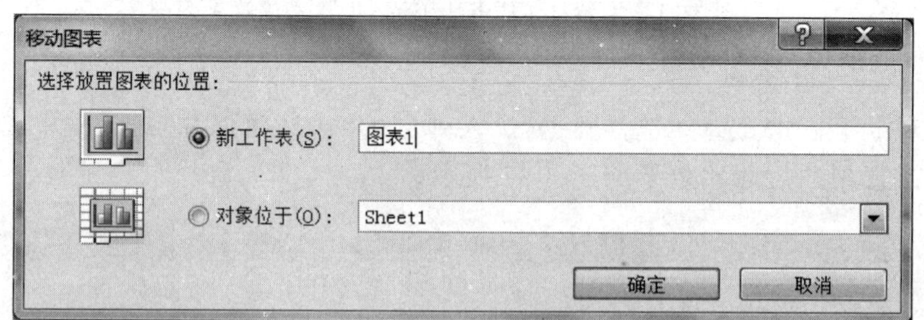

图 3-34 "移动图表"对话框

三、实验作业

本实验作业在素材"作业文档 3. xlsx"中完成。

(1) 在 Sheet1 中利用“姓名”和“奖学金”列中的数据创建图表，图表标题为“奖学金情况”，图表类型为“带数据标记的折线图”并作为其中的对象插入 Sheet1 中。

(2) 在 Sheet2 中利用 4 种学科成绩和“姓名”列中的数据建立图表，图表类型为“簇状条形图”并放到新图表“Chart1”中。

实验 3-4 数据管理

一、实验目的

(1) 掌握数据的排序方法。

(2) 掌握数据的筛选方法。

(3) 掌握数据的分类汇总方法。

(4) 掌握数据透视表的使用方法。

(5) 掌握数据表的合并方法。

二、实验示例

1. 以下任务需使用素材“期末成绩汇总表.xlsx”，共包含“期末成绩表 1”和“期末成绩表 2”两张工作表。初始素材数据如图 3-35 所示。

	A	B	C	D
1	姓名	大学语文	高等数学	大学英语
2	曾明	91.5	89	94
3	谢如金	93	99	92
4	齐飞	82	78	66
5	杜江	99	98	55
6	张桂花	90	94	99
7	孙玉敏	67	73	67
8	陈万	78	95	94
9	刘锋	95.5	92	96
10	王华	93.5	66	96
11	李娜	95	97	72
12	闫彩霞	95	85	99
13	倪冬	88	98	81
14	包伟	86	67	89
15	关羽	93	75	85

	A	B	C	D	E
1	姓名	想道德修	大学体育	大学物理	大学计算机基础
2	曾明	92	91	86	86
3	谢如金	86	86	73	92
4	齐飞	78	88	86	73
5	杜江	95	91	95	78
6	张桂花	90	87	95	93
7	孙玉敏	88	89	78	90
8	陈万	82	90	93	84
9	刘锋	84	95	91	92
10	王华	100	93	92	93
11	李娜	93	95	92	88
12	闫彩霞	98	92	92	88
13	倪冬	89	73	95	91
14	包伟	88	92	88	89
15	关羽	93	93	90	86

图 3-35 “期末成绩表 1”和“期末成绩表 2”初始数据

【任务】 合并两张期末成绩表。

【要求】 新建工作表并重命名为“期末成绩统计表”，将合并后的表格从新表 A1 单元格起始开始放置。

合并两张期末成绩表

【操作步骤】

(1) 在任意工作表标签上右击，选择“插入”，在弹出的对话框中选择“工作表”，单击“确定”结束。新建工作表默认名 Sheet1，在 Sheet1 标签上右击，选择“重命名”，输入新表名“期末成绩统计表”。

(2) 在 A1 单元格内输入“姓名”。

(3) 选择“数据”→“数据工具”组→“合并计算”命令，在弹出的“合并计算”对话框(见图 3-36)中“引用位置”处通过单击“浏览”按钮选择“期末成绩表 1”的数据区域，单击“添加”按钮后，在“所有引用位置”列表框中出现“期末成绩表 1”的引用区域。“期末成绩表 2”引用位置的添加方法与“期末成绩表 1”类似。勾选“标签位置”的“首行”和“最左列”，单击“确定”按钮。两张表合并后效果如图 3-37 所示。

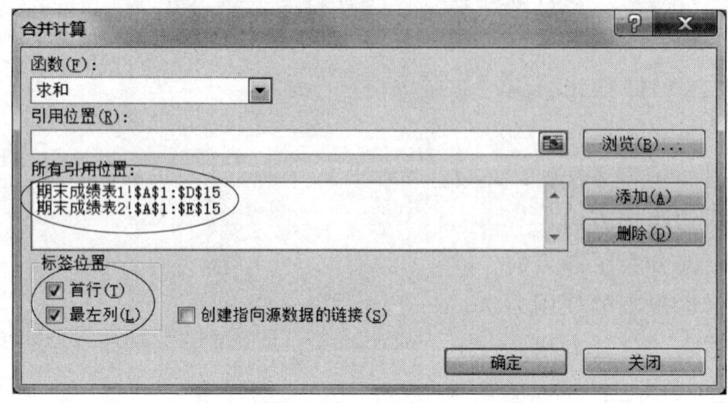

图 3-36 “合并计算”对话框

	A	B	C	D	E	F	G	H
1	姓名	大学语文	高等数学	大学英语	思想道德(	大学体育	大学物理	大学计算机基础
2	曾明	91.5	89	94	92	91	86	86
3	谢如金	93	99	92	86	86	73	92
4	齐飞	82	78	66	78	88	86	73
5	杜江	99	98	55	95	91	95	78
6	张桂花	90	94	99	90	87	95	93
7	孙玉敏	67	73	67	88	89	78	90
8	陈万	78	95	94	82	90	93	84
9	刘锋	95.5	92	96	84	95	91	92
10	王华	93.5	66	96	100	93	92	93
11	李娜	95	97	72	93	95	92	88
12	闫彩霞	95	85	99	98	92	92	88
13	倪冬	88	98	81	89	73	95	91
14	包伟	86	67	89	88	92	88	89
15	关羽	93	75	85	93	93	90	86

图 3-37 两张表合并后效果

2. 以下任务需使用 Excel 实验素材“学生成绩表. xlsx”，原始素材数据如图 3-38 所示。

	A	B	C	D	E	F	G
1	学生成绩表						
2	姓名	高等数学	大学英语	体育	大学物理	总分	平均分
3	汪阳	65	71	65	42	243	61
4	霍悦仁	89	66	96	88	339	85
5	李挚	65	71	80	64	280	70
6	周大鹏	100	73	82	64	319	80
7	赵安顺	99	89	91	94	373	93
8	钱文	78	23	70	61	232	58
9	孙颐	81	64	61	81	287	72
10	王安	90	99	100	85	374	94
11	郝康康	89	96	80	65	330	83
12	李萌	90	78	87	59	314	79
13	李大伟	85	77	51	67	280	70

图 3-38 学生成绩表原始素材数据

【任务1】 数据排序。

【要求】 按照“高等数学”升序、“体育”降序的顺序排序。

【操作步骤】

(1) 选中 A2:G13 单元格,选择“数据”→“排序和筛选”组→“排序”命令。

☞提示:也可以选择“开始”→“编辑”组→“排序和筛选”→“自定义排序”命令。

(2) 在弹出的“排序”对话框中设置“主要关键字”为“高等数学”,“排序依据”为“数值”,“次序”为“升序”。

(3) 单击“添加条件”按钮,设置“次要关键字”为“体育”,“排序依据”为“数值”,“次序”为“降序”,单击“确定”按钮,如图 3-39 所示。

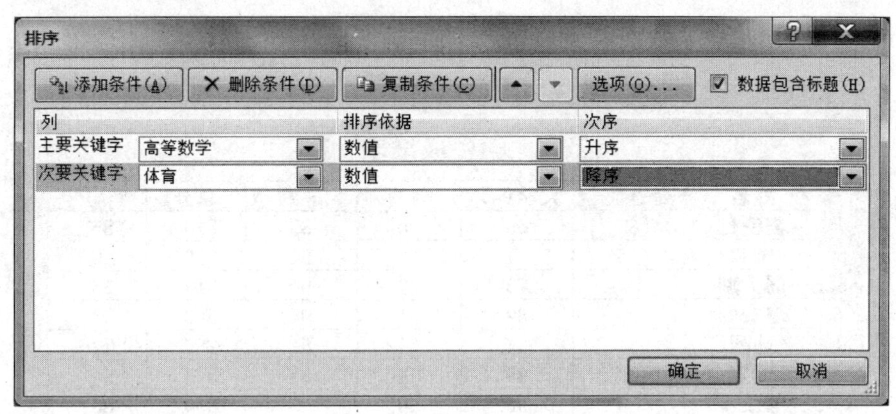

图 3-39 “排序”设置

☞提示:进行排序的数据区域中不能包括已合并的单元格。

【任务2】 数据自动筛选。

【要求】

(1) 筛选出“总分”介于 280~350 分的学生。

(2) 筛选出各科成绩都及格的学生。

【操作步骤】

(1) 针对“总分”的单字段筛选。

① 撤销任务 1 的排序操作,恢复为素材初始状态。

② 选中 A2:G13 单元格,选择“数据”→“排序和筛选”组→“筛选”命令,各列数据标题单元格右侧自动出现下拉筛选按钮▾。

☞提示:也可以选择“开始”→“编辑”组→“排序和筛选”→“筛选”命令。

③ 单击“总分”列筛选按钮▾,选择“数字筛选”→“介于”,在弹出的“自定义自动筛选方式”对话框中,在“总分”的“大于或等于”中输入 280,在“小于或等于”中输入 350,单击“确定”按钮,如图 3-40 所示。

(2) 针对各科成绩的多字段筛选。

① 选择“数据”选项卡→“排序和筛选”组→“清除”命令,清除之前的总分筛选。

② 分别单击“高等数学”“大学英语”“体育”和“大学物理”列标题右侧筛选按钮,选择“数字筛选”→“大于或等于”命令,在弹出的“自定义自动筛选方式”对话框中设置为大于或

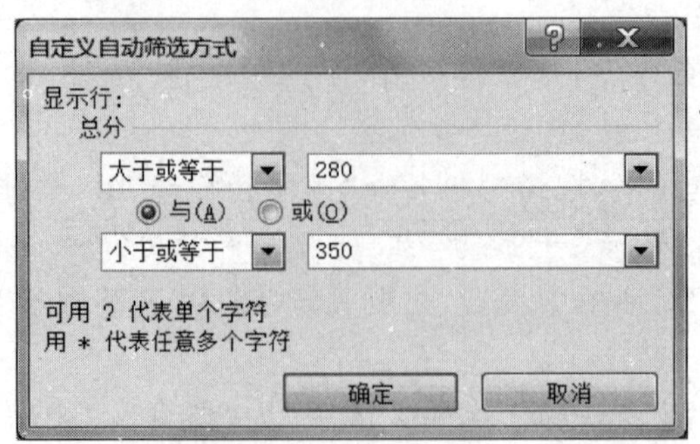

图 3-40 “自定义自动筛选方式”对话框

等于 60,单击“确定”按钮。筛选后效果如图 3-41 所示。

	A	B	C	D	E	F	G
1	学生成绩表						
2	姓名	高等数学	大学英语	体育	大学物理	总分	平均分
4	霍悦仁	89	66	96	88	339	85
5	李挚	65	71	80	64	280	70
6	周大鹏	100	73	82	64	319	80
7	赵安顺	99	89	91	94	373	93
9	孙颐	81	64	61	81	287	72
10	王安	90	99	100	85	374	94
11	郝康康	89	96	80	65	330	83

图 3-41 各科目均及格学生筛选结果

【任务 3】 数据分类汇总。

【要求】 撤销任务 2 的筛选操作,恢复为素材初始状态。在“姓名”列右侧插入“性别”列,输入学生性别。对男女生 4 门科目的平均分进行分类汇总。

【操作步骤】

(1) 取消筛选。

选择“开始”→“编辑”组→“排序和筛选”→“筛选”命令,筛选按钮自动消失,恢复为素材初始状态。

(2) 插入新列。

在“高等数学”列任意单元格上右击,选择“插入”命令,在打开的“插入”对话框中选择“整列”。

(3) 数据分类汇总。

① 将新列标题设置为“性别”,输入学生性别,如图 3-42 所示。

② 将学生成绩表按照“性别”进行排序,升序降序均可。

③ 选中 A2:H13 单元格,选择“数据”选项卡→“分级显示”组→“分类汇总”命令,在弹出的“分类汇总”对话框中设置分类字段为“性别”、汇总方式为“平均值”,勾选汇总项“高等数学”“大学英语”“体育”和“大学物理”,单击“确定”按钮,如图 3-43 所示。分类汇总效果如图 3-44 所示。

	A	B	C	D	E	F	G	H
1	学生成绩表							
2	姓名	性别	高等数学	大学英语	体育	大学物理	总分	平均分
3	汪阳	男	65	71	65	42	243	61
4	霍悦仁	男	89	66	96	88	339	85
5	李挚	女	65	71	80	64	280	70
6	周大鹏	男	100	73	82	64	319	80
7	赵安顺	男	99	89	91	94	373	93
8	钱文	女	78	23	70	61	232	58
9	孙颐	女	81	64	61	81	287	72
10	王安	男	90	99	100	85	374	94
11	郝康康	女	89	96	80	65	330	83
12	李萌	女	90	78	87	59	314	79
13	李大伟	男	85	77	51	67	280	70

图 3-42　插入“性别”列

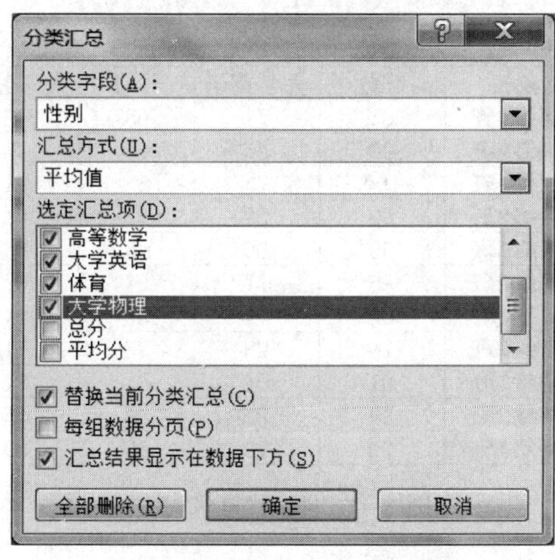

图 3-43　“分类汇总”对话框

	A	B	C	D	E	F	G	H
1	学生成绩表							
2	姓名	性别	高等数学	大学英语	体育	大学物理	总分	平均分
3	汪阳	男	65	71	65	42	243	61
4	霍悦仁	男	89	66	96	88	339	85
5	周大鹏	男	100	73	82	64	319	80
6	赵安顺	男	99	89	91	94	373	93
7	王安	男	90	99	100	85	374	94
8	李大伟	男	85	77	51	67	280	70
9		男 平均值	88	79.166667	80.83333	73.333333		
10	李挚	女	65	71	80	64	280	70
11	钱文	女	78	23	70	61	232	58
12	孙颐	女	81	64	61	81	287	72
13	郝康康	女	89	96	80	65	330	83
14	李萌	女	90	78	87	59	314	79
15		女 平均值	80.6	66.4	75.6	66		
16		总计平均值	84.636364	73.363636	78.45455	70		

图 3-44　“分类汇总”效果图

【任务 4】 数据透视表的使用。

【要求】 删除任务 3 的数据分类汇总。在"性别"列右侧插入"班级"列，输入学生班级。按性别为行标题、班级为列标题，在新工作表中建立各班级学生高等数学和体育平均分的数据透视表。

【操作步骤】

(1) 删除分类汇总。

选中 A2:H16 单元格，选择"数据"→"分级显示"组→"分类汇总"，在弹出的"分类汇总"对话框中单击"全部删除"按钮。

(2) 插入新列。

重复任务 3 步骤(2)，在"高等数学"列右侧插入"班级"列，输入学生班级如图 3-45 所示。

	A	B	C	D	E	F	G	H	I
1	学生成绩表								
2	姓名	性别	班级	高等数学	大学英语	体育	大学物理	总分	平均分
3	汪阳	男	网络1班	65	71	65	42	243	61
4	霍悦仁	男	网络2班	89	66	96	88	339	85
5	周大鹏	男	网络1班	100	73	82	64	319	80
6	赵安顺	男	网络2班	99	89	91	94	373	93
7	王安	男	网络1班	90	99	100	85	374	94
8	李大伟	男	网络2班	85	77	51	67	280	70
9	李挚	女	网络1班	65	71	80	64	280	70
10	钱文	女	网络2班	78	23	70	61	232	58
11	孙颐	女	网络1班	81	64	61	81	287	72
12	郝康康	女	网络2班	89	96	80	65	330	83
13	李萌	女	网络1班	90	78	87	59	314	79

图 3-45 插入"班级"列

☞**提示**："分类汇总"只能针对一个字段进行分类和汇总，若要对两个字段同时进行分类汇总，则必须使用数据透视表(或数据透视图)功能。

(3) 建立数据透视表。

① 选中 A2:I13 单元格，选择"插入"→"表格"组→"数据透视表"命令，放置数据透视表的位置设置为"新工作表"，单击"确定"按钮。

② 在"数据透视表字段列表"对话框(见图 3-46)中进行设置，注意"高等数学"和"体育"默认数值汇总方式为"求和项"，通过如图 3-47 所示"值字段设置"对话框可以修改值汇总方式。数据透视表完成效果如图 3-48 所示。

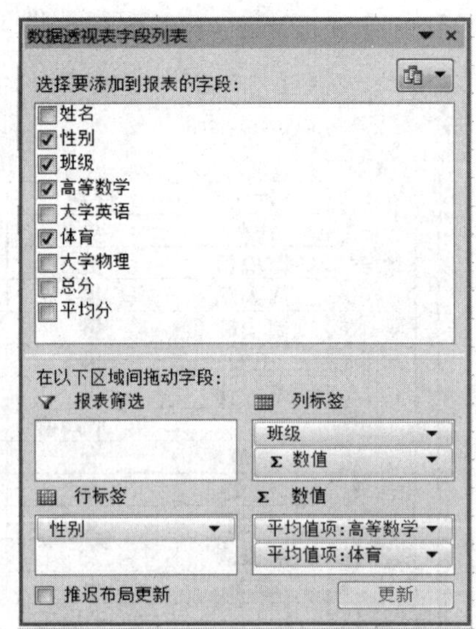

图 3-46 "数据透视表字段列表"对话框

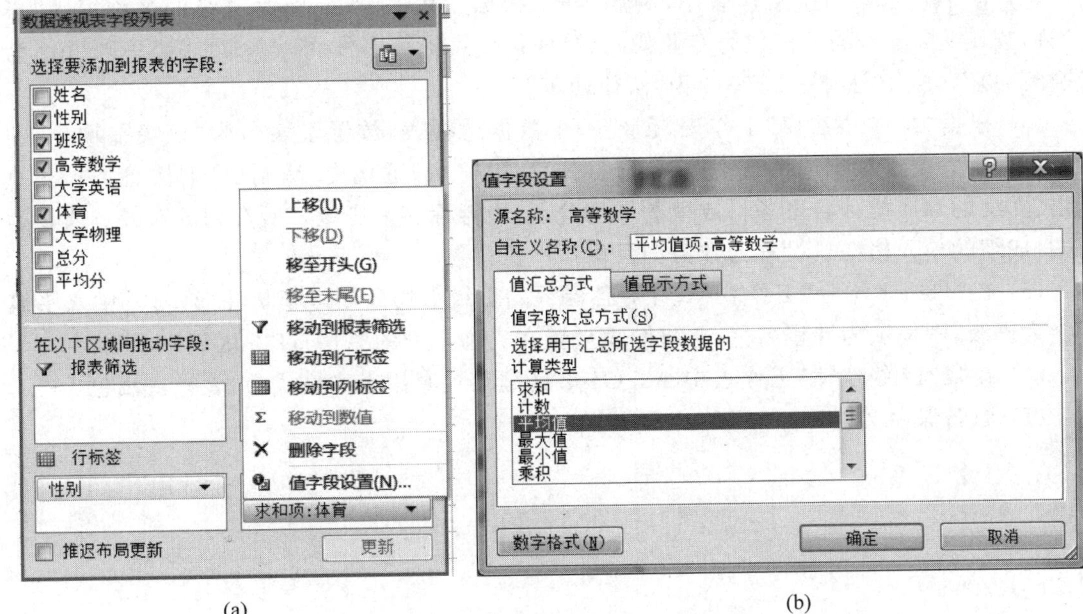

图 3-47 “值字段设置”操作流程

	A	B	C	D	E
1		列标签			
2		网络1班		网络2班	
3	行标签	平均值项:高等数学	平均值项:体育	平均值项:高等数学	平均值项:体育
4	男	85.0	82.3	91.0	79.3
5	女	78.7	76.0	83.5	75.0

图 3-48 任务 4“数据透视表”完成效果图

三、实验作业

本实验作业在素材“作业文档 4. xlsx”中完成。

(1) 在 Sheet1 中利用“总分”进行升序排序。

(2) 在 Sheet1 筛选出“数学”“英语”“物理”和“计算机” 4 科均大于 70 分的学生。

(3) 在 Sheet1 中利用“专业”进行分类汇总出 4 科成绩的平均分。

(4) 以 Sheet2 中数据建立数据透视表,数据透视表放置到一个名为“成绩透视表”的新工作表中,透视表行标签为“专业”,列标签为“性别”,对 4 科成绩汇总最高分。

四、Excel 综合实验作业

在给定的素材“综合实验作业文档. xlsx”中完成 2017 级法律专业学生期末成绩分析表的制作。具体要求如下:

(1) 在“2017 级法律”工作表列标题最右侧依次插入“总分”“平均分”“年级排名”列;将 A1:O1 区域合并居中,并设置标题为黑体、14 号。设置所有列标题居中对齐,其中排名为整数,其他成绩的数值保留 1 位小数。

(2) 在“2017 级法律”工作表中,利用函数分别计算“总分”“平均分”“年级排名”列的值。对学生成绩不及格(小于 60 分)的单元格利用条件格式将字体颜色设置为红色。

(3) 在“2017 级法律”工作表中,利用公式、根据学生的学号、将其班级的名称填入“班级”列,规则为:学号的第三位为专业代码、第四位代表班级序号,即 01 为“法律一班”,02 为“法律二班”,03 为“法律三班”,04 为“法律四班”。

(4) 根据“2017 级法律”工作表,创建一个数据透视表,放置于表名为“班级平均分”的新工作表中。要求数据透视表中按照英语、体育、计算机、近代史、法制史、刑法、民法、法律英语、立法的顺序统计各班各科成绩的平均分,其中行标签为班级。所有列的对齐方式设为居中,成绩的单元格格式设置为数值型且保留 1 位小数。

(5) 在“班级平均分”工作表中,针对各课程的班级平均分创建簇状柱形图,其中水平簇标签为班级,图例项为课程名称,并将图表放置在表格下方的 A10:H30 区域中。

(6) 在“2017 级法律”工作表中 A2:O102 区域设置套用表格格式为“表样式浅色 15”。

(7) 原名保存文档。

第4章　演示文稿制作

实验 4-1　幻灯片制作基础

一、实验目的

（1）掌握创建演示文稿的基本过程、演示文稿格式化的方法。

（2）掌握幻灯片的切换、动画、超链接技术。

（3）掌握制作相册、插入 SmartArt 对象的方法。

二、实验示例

【任务 1】 按版式制作幻灯片。

【要求】

（1）新建一个演示文稿，并以“北京主要旅游景点介绍.pptx”为文件名保存。

（2）设置第 1 张标题幻灯片的标题为“北京主要旅游景点介绍”，副标题为“历史与现代的完美融合”。

（3）设置第 2 张幻灯片的版式为“标题和内容”，标题为“北京主要景点”，在文本区域中以项目符号列表方式依次添加下列内容：天安门、故宫博物院、八达岭长城、颐和园、鸟巢。

【操作步骤】

根据任务 1 的要求，需要新建一个演示文稿，包括 2 张幻灯片，第 1 张为“标题幻灯片”，第 2 张为“标题和内容幻灯片”。

（1）新建演示文稿。

单击“开始”→“所有程序”→Microsoft Office→Microsoft PowerPoint 2010 命令，打开 PowerPoint 2010 应用程序，系统自动新建一个文件名为“演示文稿 1”的演示文稿。单击“文件”→“保存”按钮，在“文件名”框中，输入演示文稿的名称“北京主要旅游景点介绍”，单击“保存”按钮。

（2）设置幻灯片标题文字。

在已有的第 1 张幻灯片的标题占位框输入文字“北京主要旅游景点介绍”，副标题占位框输入文字“历史与现代的完美融合”。

（3）新建幻灯片。

① 单击“开始”→“幻灯片”组→“新建幻灯片”下拉按钮，在下拉列表中选择“标题和内容”选项，如图 4-1 所示。

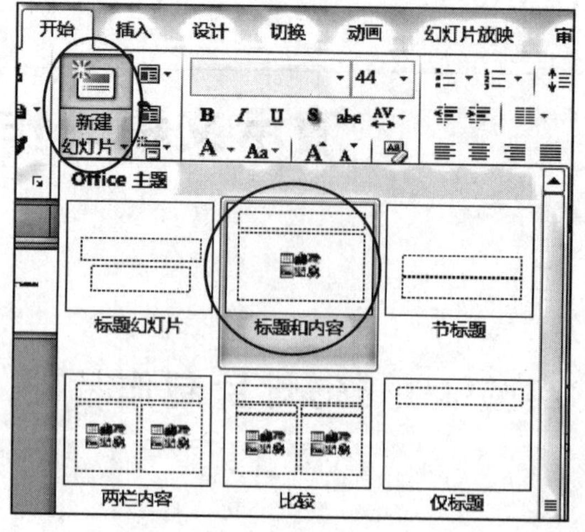

图 4-1 设置新建幻灯片主题

② 在标题占位框输入文字“北京主要景点”，在正文文本框内依次输入景点名称，“天安门”“故宫博物院”“八达岭长城”“颐和园”“鸟巢”，每行输入一个(此处使用文本框中默认的项目符号)。

【任务 2】 在幻灯片中插入对象。

【要求】

(1) 在第 1 张幻灯片中插入素材中的歌曲“北京欢迎你. mp3”，设置为自动播放，并设置声音图标在放映时隐藏。

(2) 自第 3 张幻灯片开始按照天安门、故宫博物院、八达岭长城、颐和园、鸟巢的顺序依次介绍北京各主要景点，文字素材详见“北京主要景点介绍. docx”，图片素材详见素材文件夹，要求每个景点介绍占用 1 张幻灯片，幻灯片效果如图 4-2 所示。

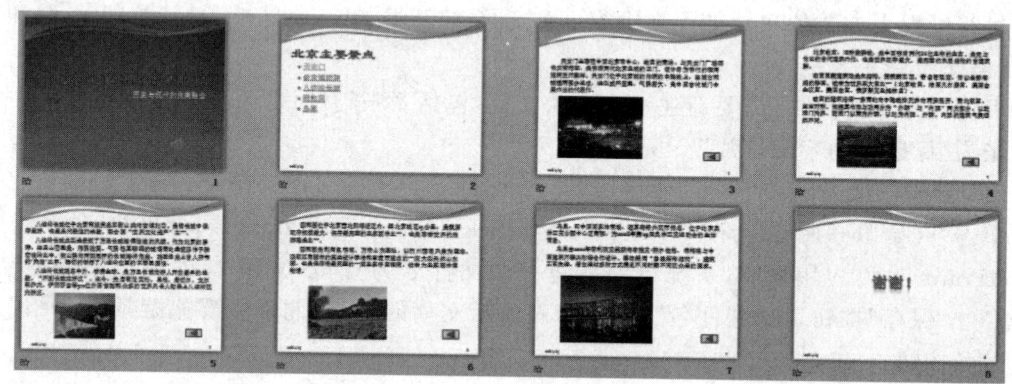

图 4-2 样张图片

(3) 设置第 8 张幻灯片的版式为“空白”，并插入艺术字“谢谢!”。

【操作步骤】

根据任务 2 的要求，需要在幻灯片中插入音频、素材文字、图片及艺术字等对象。

(1) 插入歌曲。

① 单击“插入”→“媒体”组→“音频”下拉按钮，在弹出的下拉列表中选择“文件中的音

频”选项，弹出“插入音频”对话框，在该对话框中选择素材文件夹中的“北京欢迎您.mp3”，单击“插入”按钮，即可将音乐素材添加至幻灯片中，如图 4-3 所示。

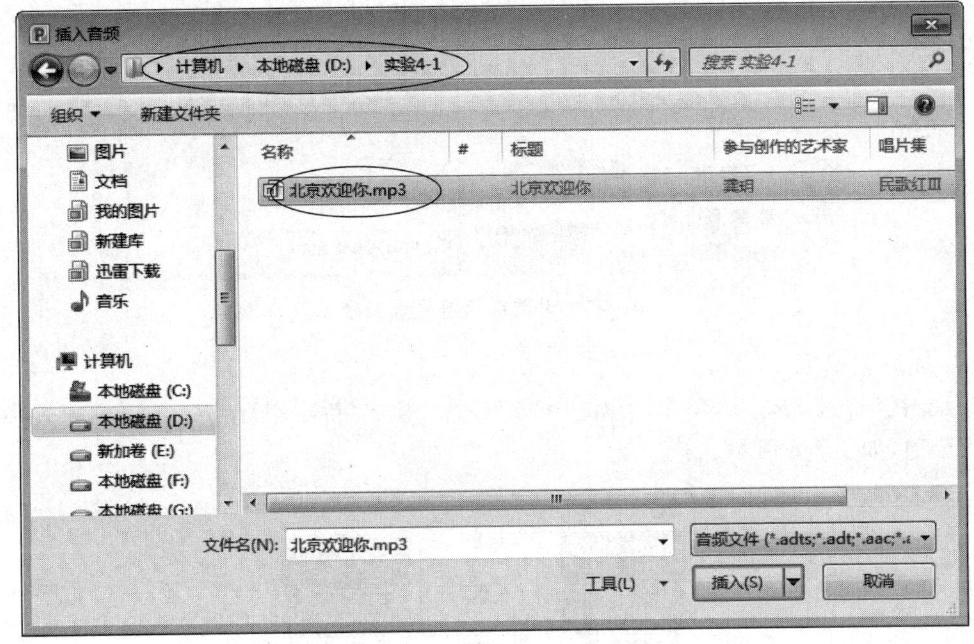

图 4-3　插入音频

② 单击“音频工具|播放”选项卡，将“音频选项”组中的“开始”设置为自动，勾选“放映时隐藏”复选框，如图 4-4 所示。

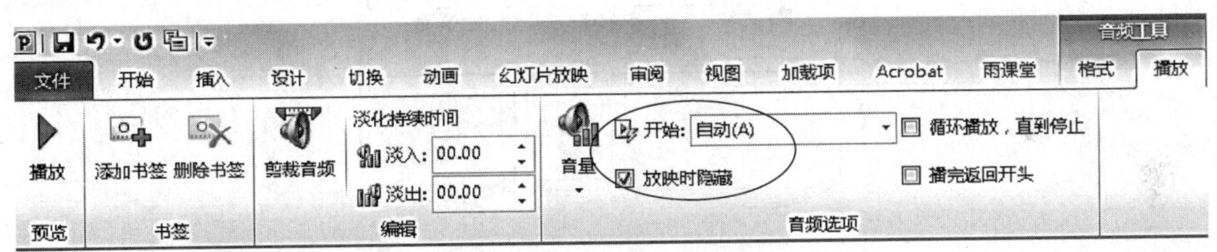

图 4-4　设置音频播放效果

(2) 新建多张幻灯片并插入图片及文字。

① 光标定位在左侧“幻灯片|大纲”浏览窗格第 2 张幻灯片下方，按 Enter 键新建版式为“标题和内容”的幻灯片，选中标题文本框并删除。选中“内容”文本框，单击“开始”→“段落”组中“项目符号”右侧的下拉按钮，在下拉列表中选择“无”选项，如图 4-5 所示。

② 选择第 3 张幻灯片，对其进行复制并粘贴 4 次。打开素材文件“北京主要景点介绍.docx”，选择第一段文字将其复制，粘贴到第 3 张幻灯片的文本框中。

③ 单击“插入”→“图像”组中的“图片”按钮→“插入图片”对话框→素材文件“天安门.jpg”→“插入”按钮，即可插入图片，并适当调整图片的大小和位置。

④ 使用同样的方法将介绍故宫、八达岭长城、颐和园、鸟巢的文字粘贴到不同的幻灯片中，并插入相应的图片。

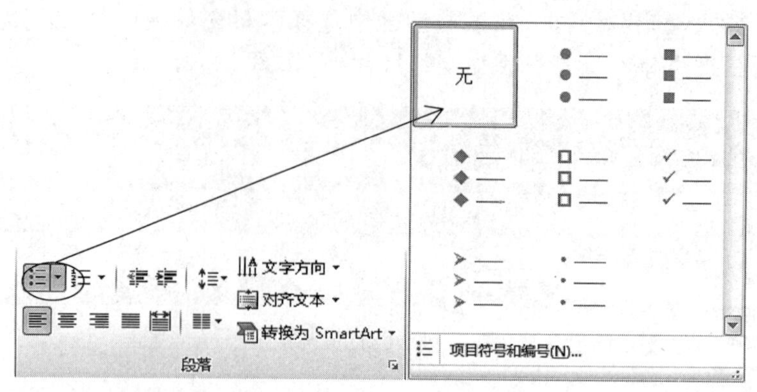

图 4-5　设置项目符号和编号

(3) 插入艺术字。

① 选中第 7 张幻灯片，单击“开始”→“幻灯片”组→“新建幻灯片”，在下拉列表中选择“空白”选项，如图 4-6 所示。

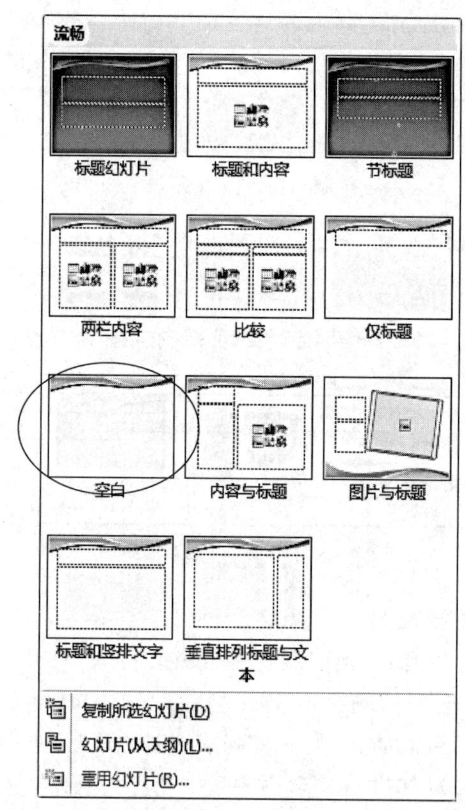

图 4-6　设置版式

② 选中第 8 张幻灯片，单击“插入”→“文本”组中的“艺术字”下拉按钮，在下拉列表中选择 4 行 5 列的艺术字，样式为“渐变填充-紫色，强调文字颜色 4，映像”，如图 4-7 所示。

③ 将艺术字文本框内的文字删除，输入文字“谢谢!”，适当调整艺术文字的位置。

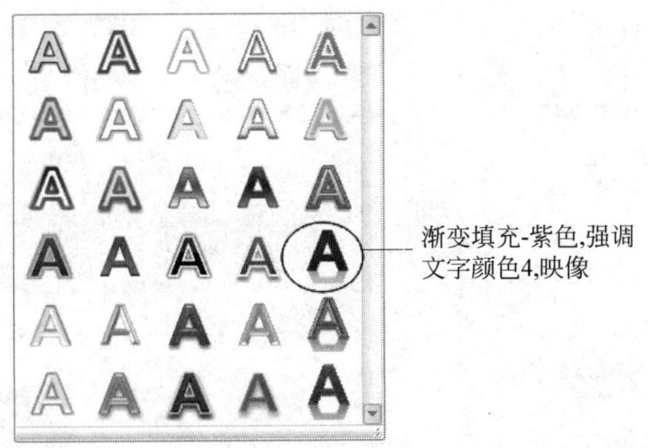

图 4-7 设置艺术字

【任务 3】 美化幻灯片——设置主题、母版。

【要求】

(1) 为演示文稿选择一种设计主题,要求字体和整体布局合理、色调统一。

(2) 使用母版为幻灯片添加素材中的图片“北京欢迎你.jpg”,图片显示在每张幻灯片的左下角位置。

【操作步骤】

(1) 设置幻灯片主题。

单击“设计”选项卡→“主题”组中的“其他”的下拉列表“所有主题”→“流畅”主题,如图 4-8 所示。

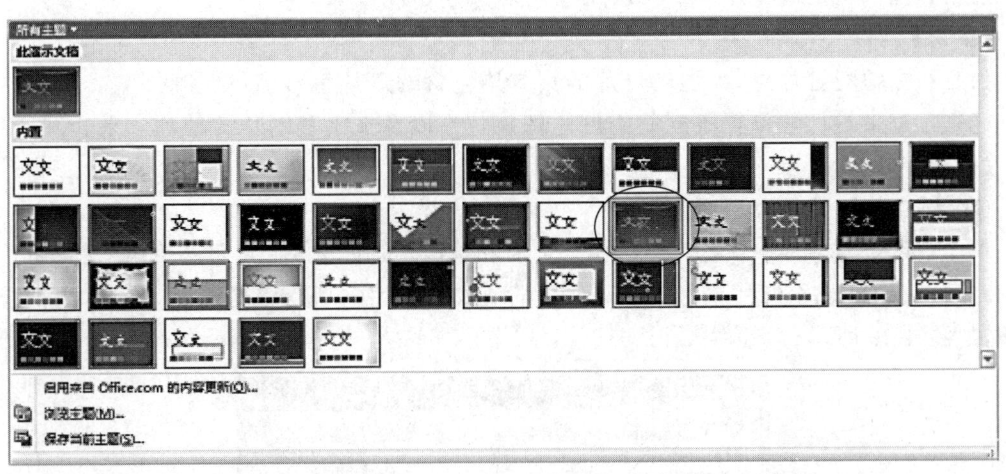

图 4-8 设置应用主题

(2) 使用幻灯片母版。

选择“视图”选项卡→“母版视图”组中的“幻灯片母版”,打开母版编辑界面,单击左侧浏览窗格的第 1 张幻灯片母版,如图 4-9 所示。单击“插入”→“图像”组中的“图片”命令→“插入图片”对话框→素材中的“北京欢迎你.jpg”→“插入”按钮,将母板中出现的图片移动到幻灯片的左下角,单击“幻灯片母版”选项卡中的“关闭母版视图”按钮。

图 4-9　设置幻灯片母版

【任务 4】 美化幻灯片——页眉/页脚、动画和切换效果。

【要求】

(1) 除标题幻灯片外,其他幻灯片的页脚均包含幻灯片编号、日期和时间。

(2) 为每张幻灯片设置不同的幻灯片切换效果以及文字和图片的动画效果。

【操作步骤】

(1) 设置幻灯片的页眉页脚。

单击“插入”选项卡→“文本”组中的“页眉和页脚”按钮,勾选“页眉和页脚”对话框中“日期和时间”复选框、“幻灯片编号”复选框和“标题幻灯片中不显示”复选框,单击“全部应用”按钮,如图 4-10 所示。

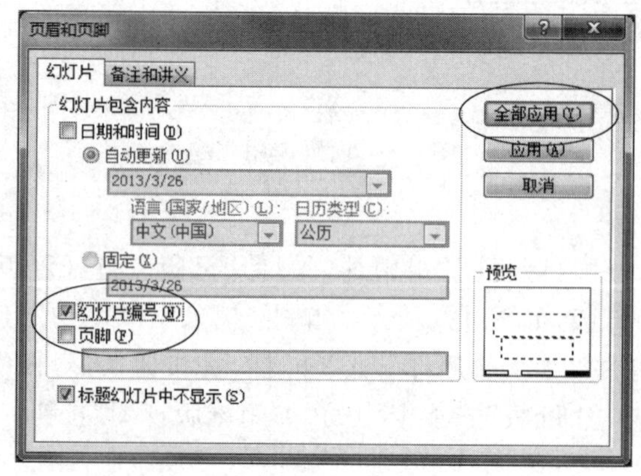

图 4-10　设置页眉和页脚

（2）设置幻灯片的切换效果以及文字和图片的动画效果。

① 选中第 1 张幻灯片，单击“切换”选项卡，在“切换到此幻灯片”组中的下拉列表中选择“溶解”，如图 4-11 所示。

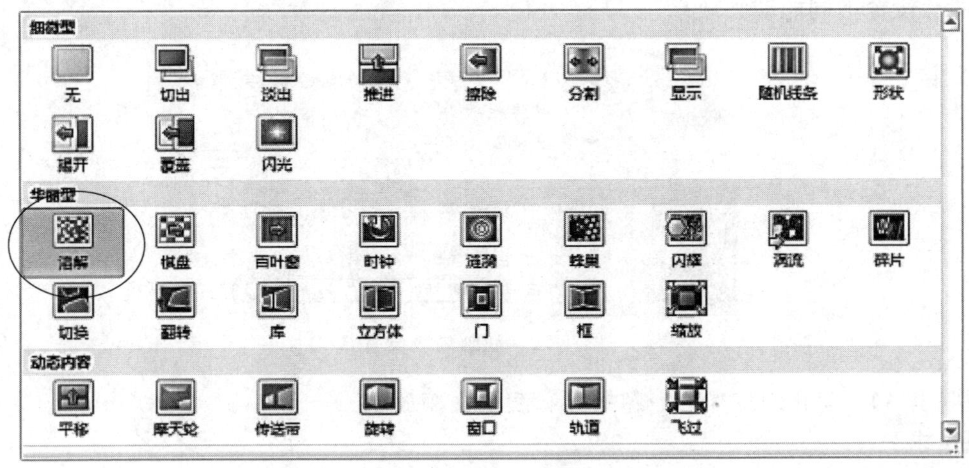

图 4-11　选择切换效果

② 按照同样的方法，为其他幻灯片设置不同的切换效果，并在“计时”菜单中设置幻灯片切换时的声音、持续时间以及换片方式，如图 4-12 所示。

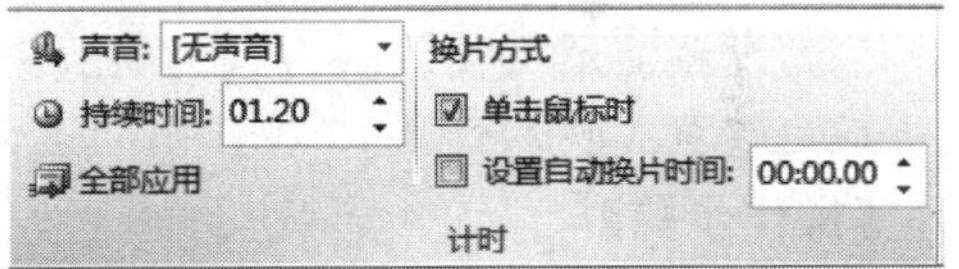

图 4-12　设置切换属性

③ 选中第 1 张幻灯片的标题文本框，单击“动画”选项卡→“动画”组中的“其他”下拉按钮的下拉列表→“浮入”选项，如图 4-13 所示，在“效果选项”中选择方向为“上浮”，序列为“作为一个对象”。

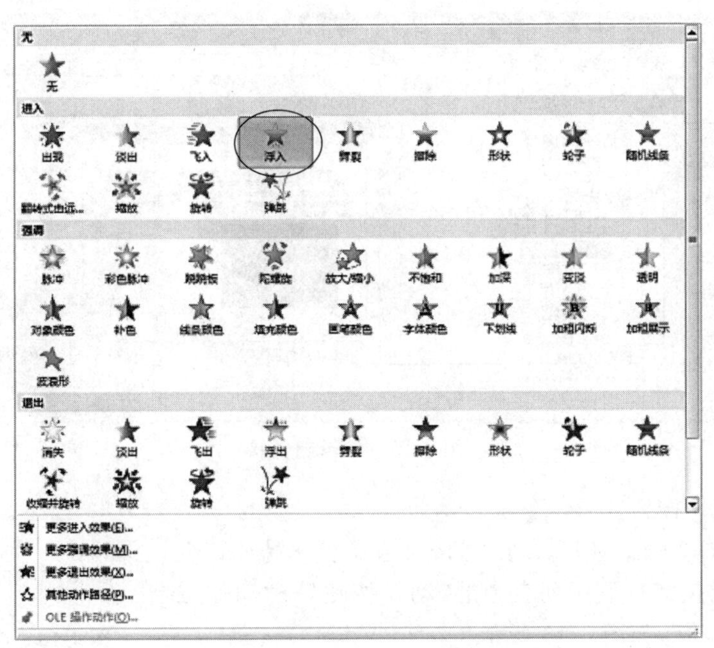

图 4-13　设置动画效果

④ 单击“动画”选项卡→“高级动画”组中的“动画窗格”，弹出“动画窗格”任务窗格，单击所设动画的下拉按钮，可以对设置动画的效果选项、计时、删除等操作，如图 4-14 所示。选中该幻灯片中的副标题，设置动画效果为“淡出”。按照同样的方法为其他幻灯片中的文字和图片设置不同的动画效果。

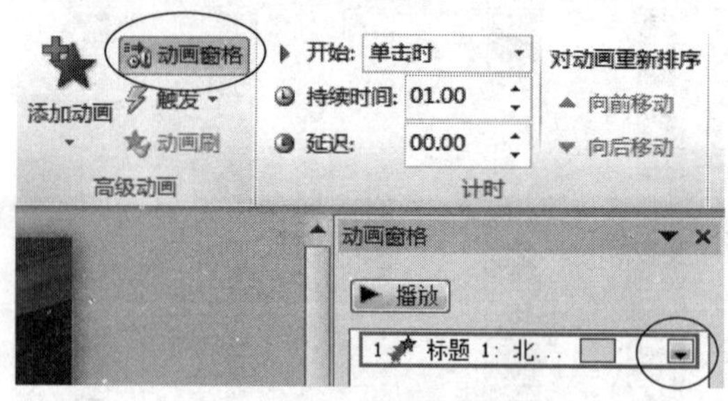

图 4-14　动画高级设置

【任务 5】 美化幻灯片——超链接和演示文稿放映。

【要求】

(1) 将第 2 张幻灯片列表中的内容分别超链接到后面对应的幻灯片。

(2) 添加返回到第 2 张幻灯片的动作按钮。

(3) 设置演示文稿放映方式为“循环放映，按 Esc 键终止”，换片方式为“手动”。

(4) 逐页放映幻灯片。

【操作步骤】

(1) 设置超链接。

选择第 2 张幻灯片，选中该幻灯片中的“天安门”→单击“插入”选项卡→“链接”组中的“超链接”按钮→“插入超链接”对话框→“链接到”→“本文档中的位置”→“请选择文档中的位置”列表框→“幻灯片 3”选项→“确定”按钮，如图 4-15 所示。

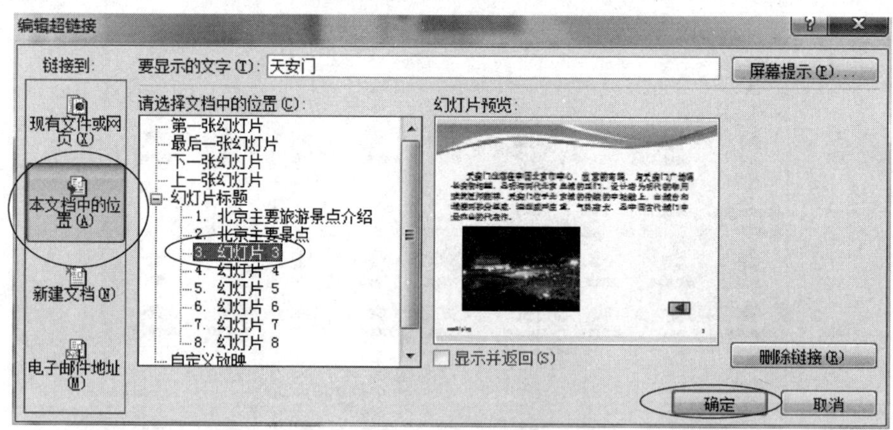

图 4-15　编辑超链接

(2) 设置动作按钮。

① 切换至第 3 张幻灯片，单击“插入”选项卡→“插图”组中的“形状”下拉按钮→下拉列表中的“动作按钮”→“动作按钮：后退或前一项”，如图 4-16 所示。

图 4-16　设置动作按钮

② 在第 3 张幻灯片的空白位置绘制动作按钮，绘制完成后弹出“动作设置”对话框→“超链接到”中的下拉按钮→下拉列表→“幻灯片”选项→“超链接到幻灯片”对话框→“2. 北京主要景点”→“确定”按钮，如图 4-17 所示。

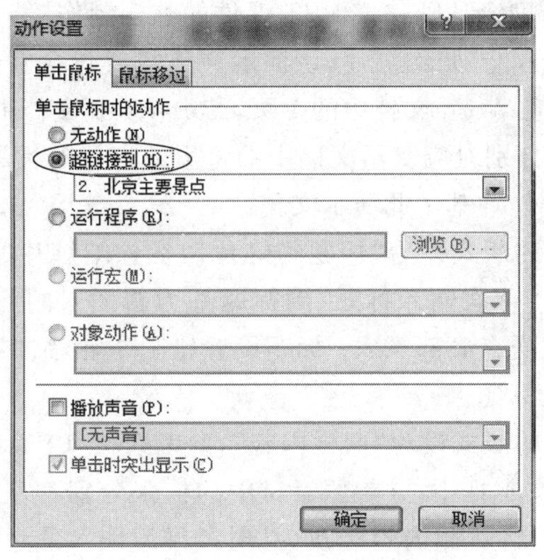

图 4-17　动作设置

③ 再次单击“确定”按钮，退出对话框，适当调整动作按钮的大小和位置。

④ 使用同样的方法，将第 2 张幻灯片列表中其他内容分别超链接到对应的幻灯片上，复制第 3 张幻灯片中新建的动作按钮，粘贴到第 4～7 张幻灯片中。

(3) 设置幻灯片放映方式。

单击“幻灯片放映”选项卡→“设置”组中的“设置幻灯片放映”按钮→勾选“设置放映方式”对话框中“放映选项”组的“循环放映，按 Esc 键终止”复选框，选中“换片方式”中的“手动”，单击“确定”按钮，如图 4-18 所示。

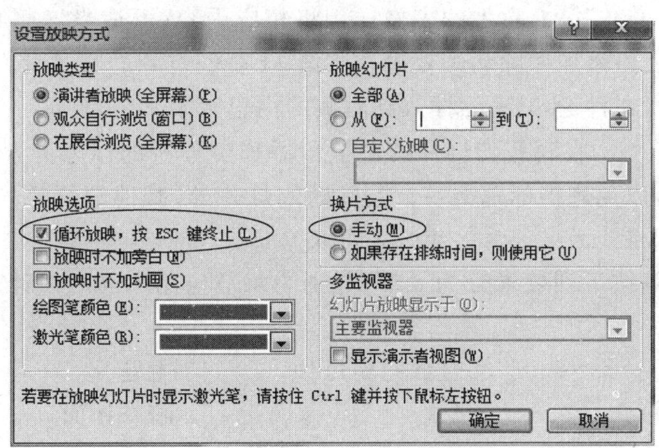

图 4-18　设置放映方式

(4) 放映幻灯片。

单击“幻灯片放映”选项卡→“开始放映幻灯片”组中的“从头开始”，或者在幻灯片制作页面右下角单击“幻灯片放映”。

三、实验作业

培训部会计师正在准备有关高新技术企业科技政策的培训课件，相关资料存放在素材文件夹中。按下列要求帮助会计师完成PPT课件的整合制作。

（1）在演示文稿中插入38张幻灯片，该演示文稿需要包含素材“PPT素材.docx”中的所有内容，每张幻灯片对应Word文档中的1页，其中Word文档中应用了“标题1”“标题2”“标题3”样式的文本内容分别对应演示文稿中的每页幻灯片的标题文字、第一级文本内容、第二级文本内容。后续操作均基于此演示文稿。

（2）将第1张幻灯片的版式设为“标题幻灯片”，在该幻灯片的右下角插入任意一幅剪贴画，参照素材中的样张1依次输入标题、副标题并为新插入的剪贴画设置浮入-下浮；副标题设置作为一个对象发送自底部飞入；标题设置轮子-1轮辐图案动画效果；指定动画出现顺序为剪贴画、副标题、标题。

（3）将第2张幻灯片的版式设为“两栏内容”，参考素材“PPT素材.docx”第2页中的图片，将文本置于左右两栏文本框中，并参照素材中的样张分别将左侧内容转换为“垂直框列表”“彩色-强调文字颜色”，将右侧内容转换为“射线维恩图”“彩色范围-强调文字颜色5-6”“卡通样式”的SmartArt图形。分别将文本“高新技术企业认定”和“技术合同登记”链接到对应标题名的幻灯片。

（4）将第3张幻灯片中的第2段文本向右缩进一级、用标准红色字体显示，并为其中的网址增加正确的超链接，使其链接到相应的网站，要求超链接颜色未访问前保持为标准红色，访问后变为标准蓝色。为本张幻灯片的标题设置“浮入-上浮”和文本内容设置“劈裂”、“整批发送”动画效果，并令正文文本内容按第二级段落、伴随着“锤打”声逐段显示。

文字转换成表格

（5）将第6张幻灯片的版式设为“标题和内容”，参照素材文档“PPT素材.docx”第6页中的表格样例将相应内容（可适当增删）添加到表格中，为该表格添加擦除动画效果。将第11张幻灯片的版式设为“内容与标题”，将素材文件Pic1.png插入到右侧的内容区中。

（6）在每张幻灯片的左上角添加事务所的标志为素材图片Logo.jpg，设置其位于最底层，以免遮挡标题文字。除标题幻灯片外，其他幻灯片均包含幻灯片编号、自动更新日期，日期格式为××××年××月××日。

（7）将演示文稿按下列要求分为6节，分别为每节应用不同的设计主题和幻灯片切换方式。

节名称	包含的幻灯片	主题	切换方式
高新科技政策简介	1-3	暗香扑面	淡出
高新技术企业认定	4-12	奥斯汀	分割
技术先进型服务企业认定	13-19	跋涉	显示
研发经费加计扣除	20-24	波形	随机线条
技术合同登记	25-32	顶峰	揭开
其他政策	33-38	沉稳	形状

实验 4-2　综合应用——制作相册

一、实验目的

(1) 掌握制作相册、插入 SmartArt 对象的方法。

(2) 掌握为 SmartArt 对象元素设置动画、超链接。

二、实验示例

校摄影社团在今年的摄影比赛结束后，希望可以借助 PowerPoint 将优秀作品在社团活动中进行展示。这些优秀的摄影作品详见素材文件，并以 Photo(1).jpg-Photo(12).jpg 命名。

【任务 1】 制作相册——创建相册。

【要求】

(1) 利用 PowerPoint 应用程序创建一个相册，并包含 Photo(1).jpg～Photo(12).jpg 共 12 幅摄影作品。在每张幻灯片中包含 4 张图片，并将每幅图片设置为“居中矩形阴影”相框形状。

(2) 设置相册主题为素材文件夹中的“相册主题.pptx”样式。

(3) 在标题幻灯片后插入 1 张新的幻灯片，将该幻灯片设置为“标题和内容”版式。在该幻灯片的标题位置输入“摄影社团优秀作品赏析”；并在该幻灯片的内容文本框中输入 3 行文字，分别为“湖光春色”“冰消雪融”和“田园风光”。

创建相册

【操作步骤】

(1) 创建相册。

① 打开 Microsoft PowerPoint 2010 应用程序。

② 单击“插入”选项卡“图像”组中的“相册”按钮，打开“相册”对话框，单击“文件/磁盘”按钮，在“插入新图片”对话框中选中要求的 12 张图片，单击“插入”按钮，如图 4-19 所示。

图 4-19　插入图片

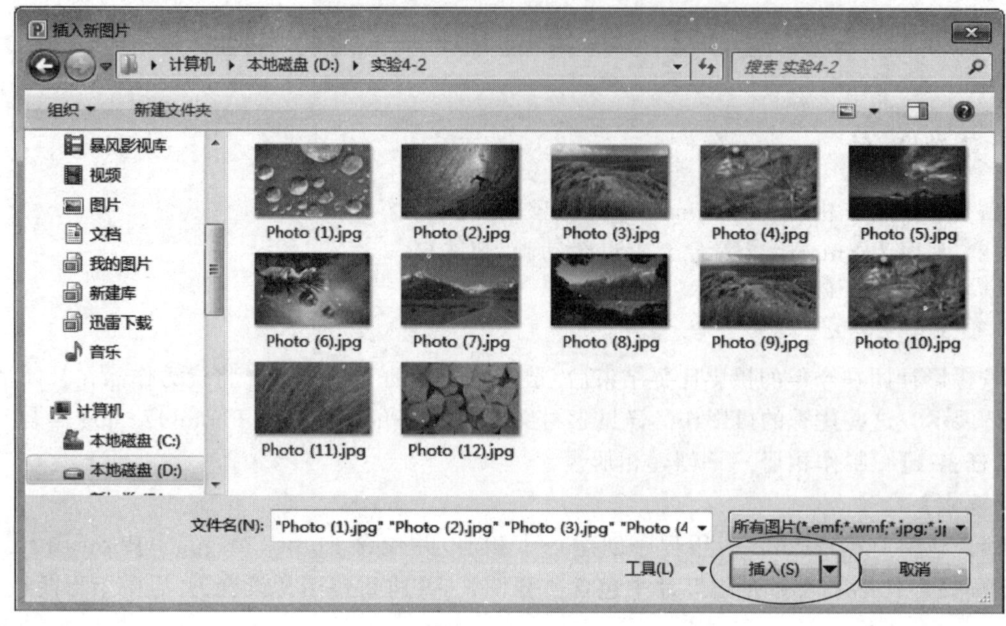

图 4-19 （续）

③ 返回"相册"对话框，在"相册版式"下拉列表→"4 张图片"→单击"创建"按钮即可，如图 4-20 所示。

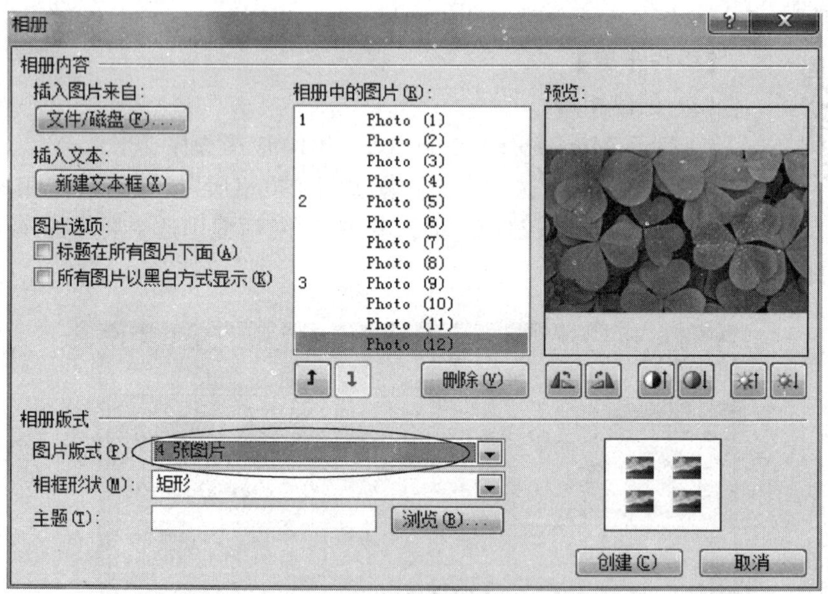

图 4-20 创建相册

④ 依次选中每张图片，右击选择"设置图片格式"→"阴影"→"预设"下拉列表→"内部居中"→"关闭"按钮，如图 4-21 所示。

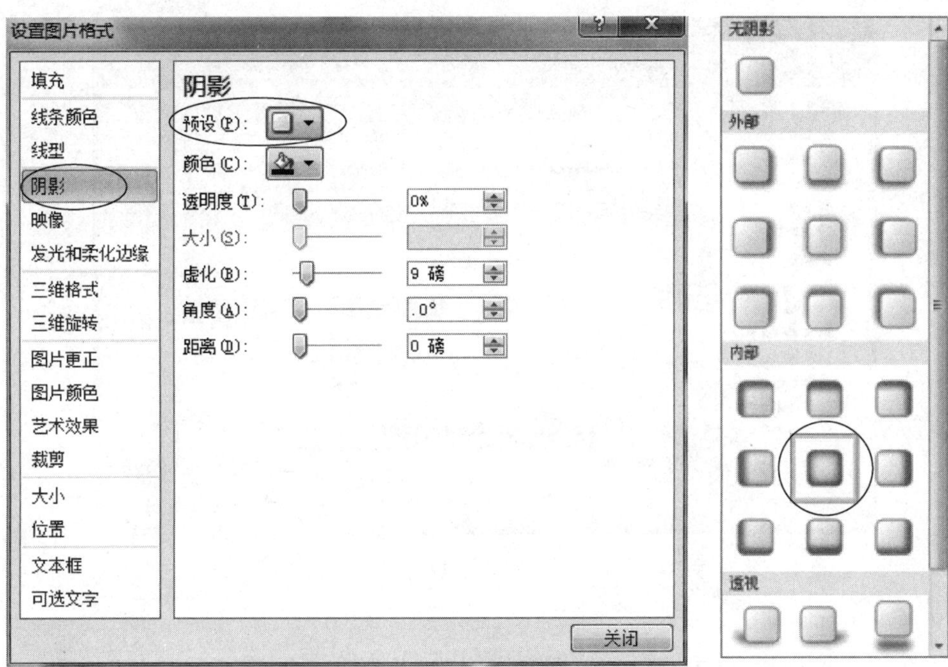

图 4-21　设置图片格式

（2）设置幻灯片主题。

单击“设计”选项卡→“主题”组→“其他”下拉按钮，打开所有主题→“浏览主题”→“选择主题或主题文档”对话框中选择素材中的“相册主题.pptx”文档→“应用”按钮，如图 4-22 所示。

图 4-22　设置幻灯片主题

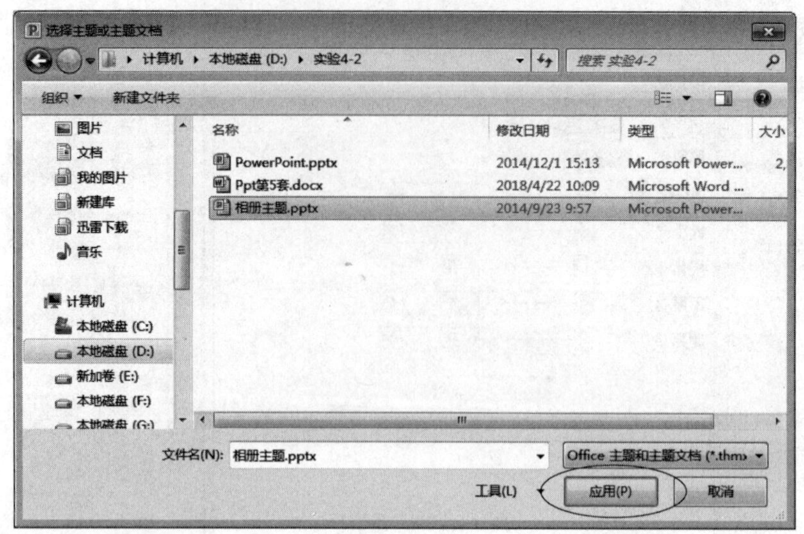

图 4-22 （续）

（3）新建幻灯片。

选中第 1 张幻灯片，单击“开始”选项卡→“幻灯片”组中的“新建幻灯片”→下拉列表中“标题和内容”。在标题文本框中输入“摄影社团优秀作品赏析”，在该幻灯片的内容文本框中输入 3 行文字，分别为“湖光春色”“冰消雪融”和“田园风光”，如图 4-23 所示。

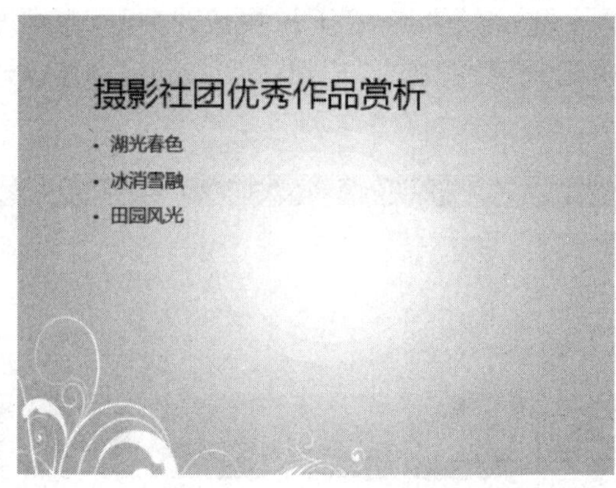

图 4-23 幻灯片效果图

【任务 2】 制作相册——插入对象。

（1）将“湖光春色”“冰消雪融”和“田园风光”3 行文字转换为样式为“蛇形图片重点列表”的 SmartArt 对象，并将 Photo(1).jpg、Photo(5).jpg 和 Photo(9).jpg 定义为该 SmartArt 对象的显示图片。

（2）为 SmartArt 对象添加自左至右的“擦除”进入动画效果，要求在幻灯片放映时该 SmartArt 对象元素可以逐个显示。

（3）在 SmartArt 对象元素中添加幻灯片跳转链接，使得单击“湖光春色”标注形状可跳转至第 3 张幻灯片，单击“冰消雪融”标注形状可跳转至第 4 张幻灯片，“田园风光”标注形状可跳转至第 5 张幻灯片。

(4) 将素材文件中的 ELPHRG01.wav 声音文件作为该相册的背景音乐，并在幻灯片放映时开始播放。

(5) 将该相册保存为 PowerPoint.pptx 文件。完成后的演示文稿如图 4-24 所示。

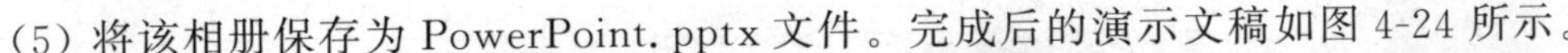

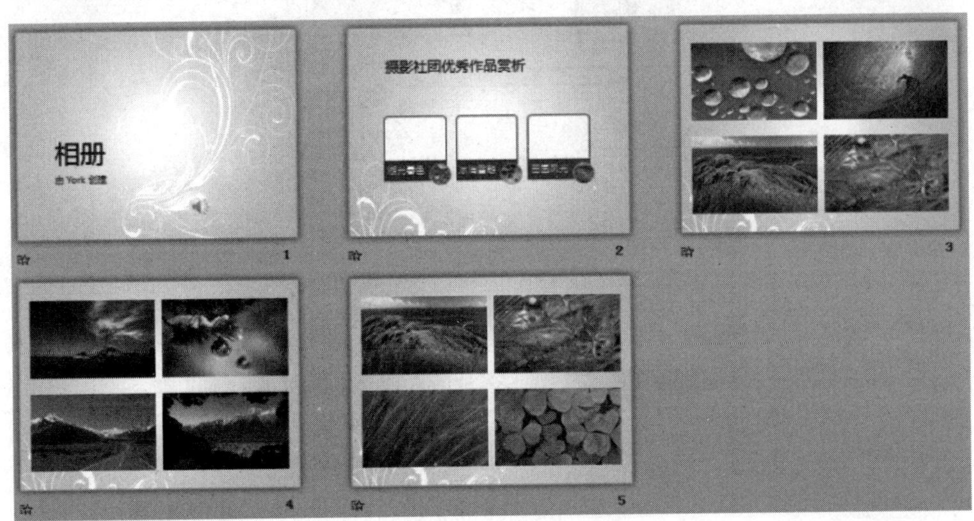

图 4-24　保存文件

【操作步骤】

(1) 将幻灯片中文字转换为 SmartArt 图形。

① 选中“湖光春色”“冰消雪融”和“田园风光”3 行文字，单击“开始”选项卡→“段落”组中的“转换为 SmartArt”按钮→“蛇形图片重点列表”→“确定”按钮，如图 4-25 所示。

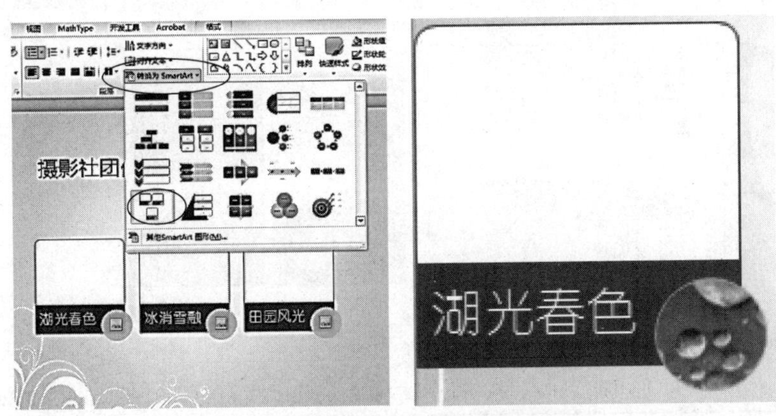

图 4-25　文字转换为 SmartArt 图形

② 在弹出的“在此处输入文字”对话框中，双击在“湖光春色”所对应的图片按钮→“插入图片”对话框→Photo(1).jpg 图片。

③ 类似于步骤②，在“冰消雪融”和“田园风光”行中依次插入 Photo(5).jpg 和 Photo(9).jpg 图片。

(2) 设置动画效果。

① 选中 SmartArt 对象元素，单击“动画”选项卡→“动画”组中的“擦除”按钮。

② 单击“动画”→“动画”组→“效果选项”按钮→依次选中“自左侧”和“逐个”命令，如图 4-26 所示。

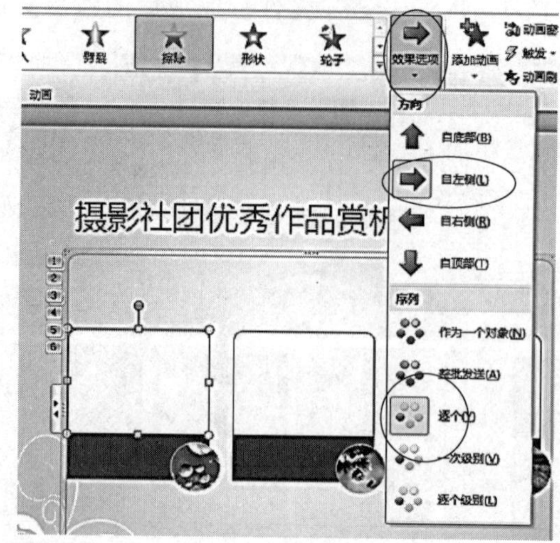

图 4-26 设置动画效果

(3) 设置 SmartArt 图形的超链接。

① 选中 SmartArt 中的“湖光春色”，右击选择“超链接”→在“插入超链接”对话框中的“链接到”组选择“本文档中的位置”→“幻灯片 3”→“确定”按钮，如图 4-27 所示。

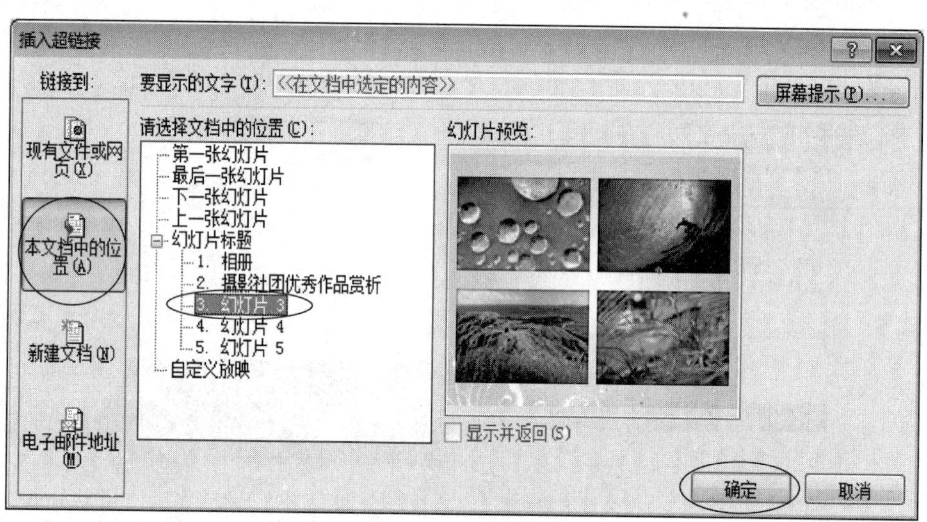

图 4-27 插入超链接

② 按照步骤①依次设置 SmartArt 中“冰消雪融”和“田园风光”的超链接。

(4) 插入背景音乐。

① 选中第 1 张主题幻灯片，单击“插入”→“媒体”组→“音频”按钮→“文件中的音频”→弹出“插入音频”对话框→选择素材中的 ELPHRG01. wav 音频文件→“确定”按钮。

② 在“音频工具|播放”→“音频选项”组中勾选“循环播放，直到停止”和“播完返回开头”复选框→“开始”下拉列表框→“自动”。

(5) 保存演示文稿。

单击"文件"→"保存"→"另存为"对话框→"文件名"下拉列表框→输入 PowerPoint→"保存"按钮。

三、实验作业

为你崭新的大学生活制作相册。

第5章　Access 2010 数据库应用

一、实验目的

(1) 了解创建 Access 2010 数据库的过程。
(2) 初步掌握创建表、定义主键、建立表间关系、录入数据的方法。
(3) 初步掌握查询的创建方法。
(4) 初步掌握窗体的创建方法。
(5) 初步掌握报表的创建方法。

二、实验示例

【任务1】 创建数据库。

【要求】 创建数据库“学生成绩管理.accdb”。

【操作步骤】

(1) 启动 Access 2010。

(2) 创建数据库“学生成绩管理.accdb”。

单击“文件”→“新建”→“空数据库”命令，在视图右下角“文件名”下方的文本框中输入数据库文件名“学生成绩管理”，单击“文件名”框右侧的文件夹图标，选择数据库的保存位置，单击“创建”按钮，如图5-1所示。

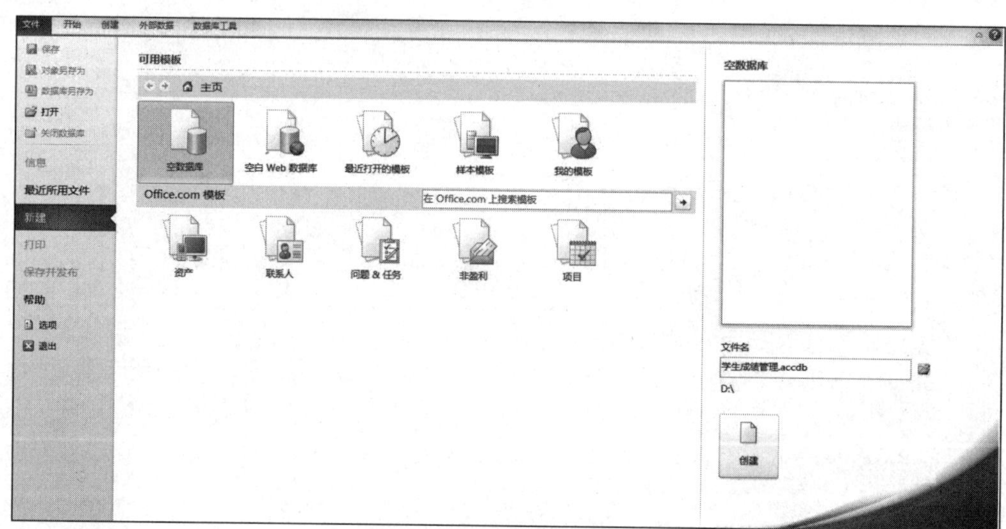

图5-1　新建数据库窗口

【任务 2】 创建表。

【要求】

(1) 根据表 5-1～表 5-3 提供的表结构创建"学生信息表""课程表"和"成绩表"并设置各表的主键。

表 5-1 学生信息表

字段名	字段类型	字段大小	是否主键
学号	文本	8	是
姓名	文本	10	否
性别	文本	1	否
出生日期	日期/时间	8	否
政治面貌	文本	2	否
班级	文本	10	否
照片	OLE 对象		否

表 5-2 课程表

字段名	字段类型	字段大小	是否主键
课程号	文本	5	是
课程名	文本	20	否
课程类别	文本	5	否
学分	数字	字节	否

表 5-3 成绩表

字段名	字段类型	字段大小	是否主键
学号	文本	8	是
课程号	文本	5	是
成绩	数字	单精度(小数位数为 1)	否

(2) 建立表之间的关系。

(3) 录入数据。

【操作步骤】

(1) 创建表结构并设置主键。

① 打开表设计视图。

打开"学生成绩管理"数据库,单击"创建"→"表格"组→"表设计"按钮(见图 5-2),打开表设计视图。

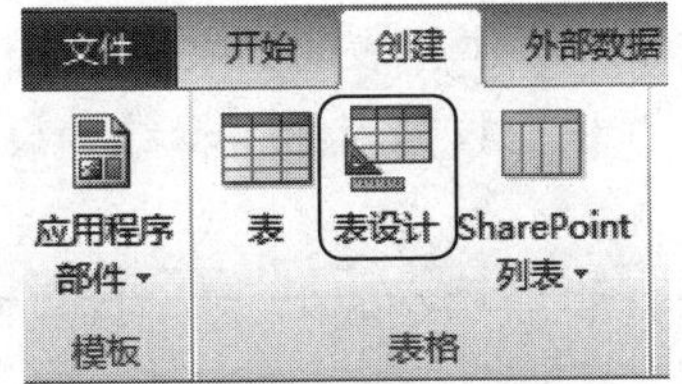

图 5-2 "创建"选项卡"表格"组

② 设置表中各字段的字段名和字段类型。

在"字段名称"列中根据表 5-1 中的字段顺序依次输入字段的名称,在"数据类型"列选择相应的数据类型,在"说明"列中可以输入一些该字段的说明信息,在视图下方的"常规"选项卡中设置"字段"的大小、格式等,如图 5-3 所示。

③ 设置主键。

选中"学号"所在行,单击"表格工具|设计"选项卡→"主键"按钮,则"学号"字段左侧的"选择器"▢按钮上出现主键图标🔑。

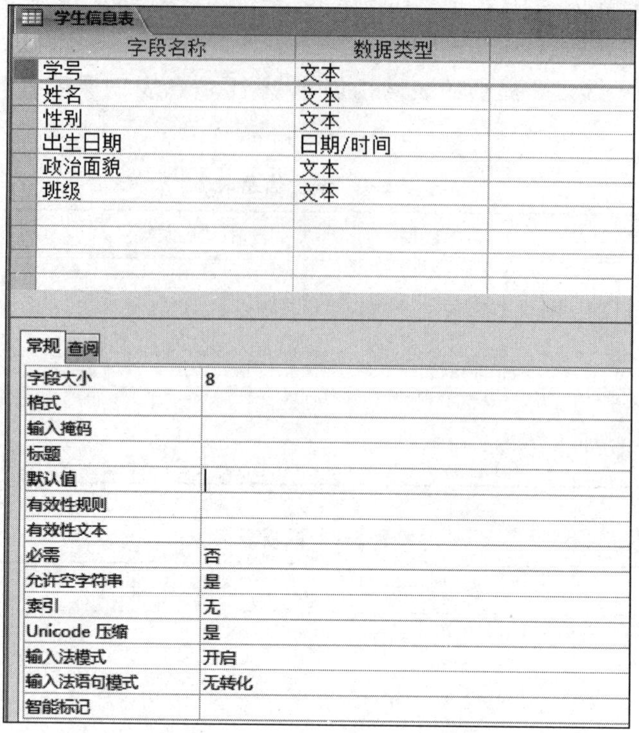

图 5-3 “学生信息表”设计视图

☞**提示**：

- 还可以选中“学号”字段，右击，在弹出的快捷菜单中选择“主键”。
- 一个表只能定义一个主键，主键可由表中的一个字段或多个字段组成。如果多个字段做主键，则需按住 Ctrl 键，依次单击作为主键的字段，然后再选择“主键”按钮。

④ 保存表。

单击保存按钮，选择保存位置，将表保存为“学生信息表”。

⑤ 用类似的方法创建“课程表”和“成绩表”。

此外，如果表结构发生变化，还可以在表的设计视图中根据需求修改表结构。

(2) 建立表间的关系。

根据数据库的逻辑结构设计，创建各表之间的关系，如表 5-4 所示。

表 5-4 表间的关系

主　表	从　表	关系类型	关联字段
学生信息表	成绩表	一对多	学号
课程表	成绩表	一对多	课程号

下面以创建“学生信息表”和“成绩表”之间的关系为例：

① 单击“数据库工具”选项卡→“关系”组→“关系”按钮，打开“显示表”对话框，如图 5-4 所示。

☞**提示**：如果数据库中尚未定义任何关系，系统会自动打开“显示表”对话框；如果需要添加表，而“显示表”对话框未显示，则在“关系”窗口空白处右击，在弹出的快捷菜单中选择“显示表”命令。

② 在“显示表”对话框的“表”选项卡中，用鼠标双击要建立关系的“学生信息表”和“成绩表”，将其添加到“关系”窗口，然后关闭“显示表”对话框。

☞**提示**：在“关系”窗口中添加表也可以在“显示表”对话框中先选择表，然后单击“添加”按钮实现。

③ 在“关系”窗口中用鼠标拖动“学生信息表”中的“学号”字段到“成绩表”中的“学号”字段后松开鼠标，弹出“编辑关系”对话框，如图5-5所示，勾选“实施参照完整性”复选框，单击“创建”按钮，完成关系的建立。

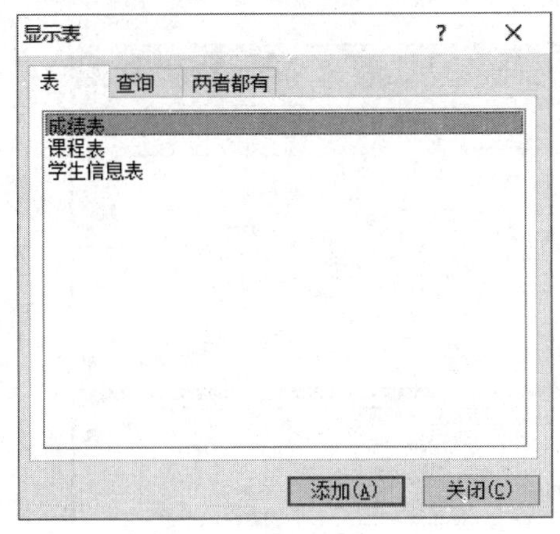

图5-4 “显示表”对话框

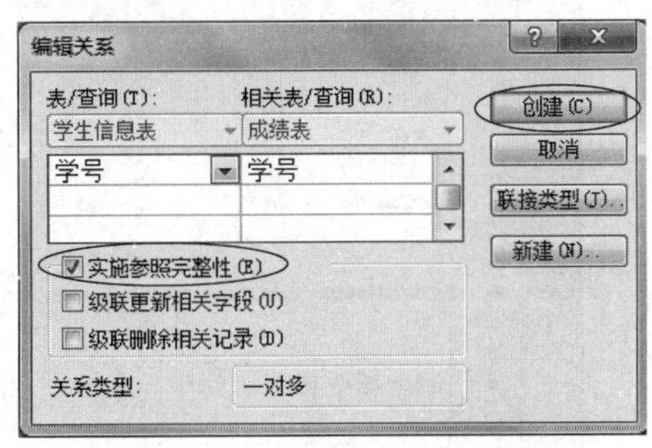

图5-5 “编辑关系”对话框

返回“关系”窗口，可以看到两个表之间出现了一条关系连线，并注明是一对多的关系。同理，创建“成绩表”和“课程表”之间的关系，如图5-6所示。

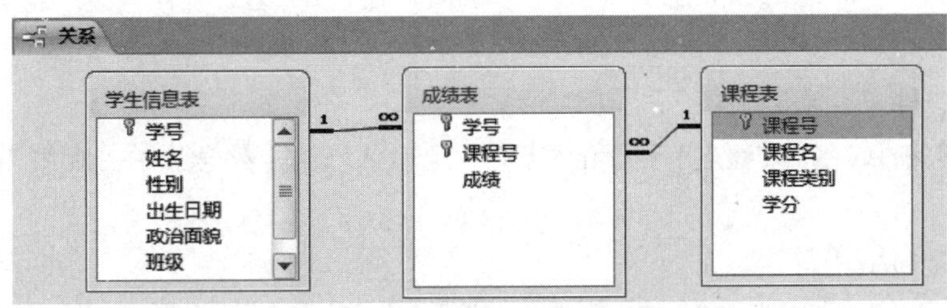

图5-6 “关系”窗口

④ 单击保存按钮，保存关系。

（3）录入数据。

在数据库左侧“所有对象”窗格中分别选择相应的表，双击鼠标左键，打开表，根据素材“学生信息表.xlsx”“成绩表.xlsx”和“课程表.xlsx”的数据输入到对应表中。

【任务3】 创建查询。

【要求】 查询所有学生的高等数学成绩，显示学生的“学号”“姓名”“课程名”和“成绩”，并按成绩降序排序，将查询结果保存为“高数成绩”。

【操作步骤】

(1) 打开查询设计视图。

单击“创建”→“查询”组→“查询设计”按钮，打开查询设计视图，弹出“显示表”对话框。

(2) 选择数据源。

鼠标双击数据源“学生信息表”“课程表”和“成绩表”，将其添加到查询设计视图中，然后关闭“显示表”对话框。

(3) 选择字段。

在查询设计视图中，分别双击“学生信息表”“课程表”和“成绩表”的“学号”“姓名”“课程名”和“成绩”字段，将其添加到视图下方 QBE 网格的字段行，如图 5-7 所示。

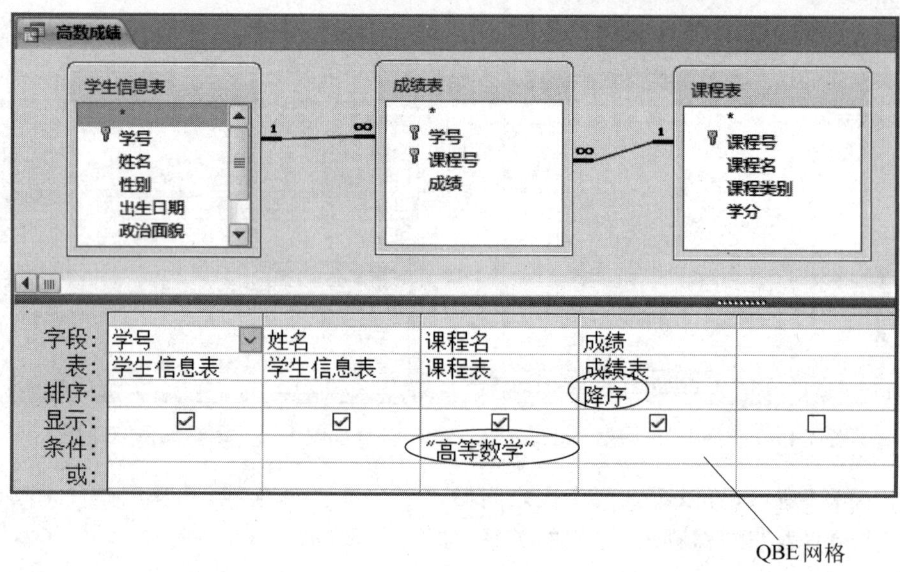

图 5-7 查询设计视图

(4) 输入条件。

在 QBE 网络中，在“课程名”字段的“条件”行输入“高等数学”，在“成绩”字段的排序行选择“降序”。

(5) 查看查询结果。

单击“开始”→“视图”组→“数据表视图”按钮，查看查询结果，如图 5-8 所示。

☞**提示**：单击“视图”组的“设计视图”按钮，可以从数据表视图返回到查询设计视图，以便修改查询。

(6) 保存。

单击“保存”按钮，将查询保存为“高数成绩”。

☞**提示**：可以单击“开始”→“视图”组→“SQL 视图”按钮**SQL**，查看此查询的 SQL 语句，如图 5-9 所示。

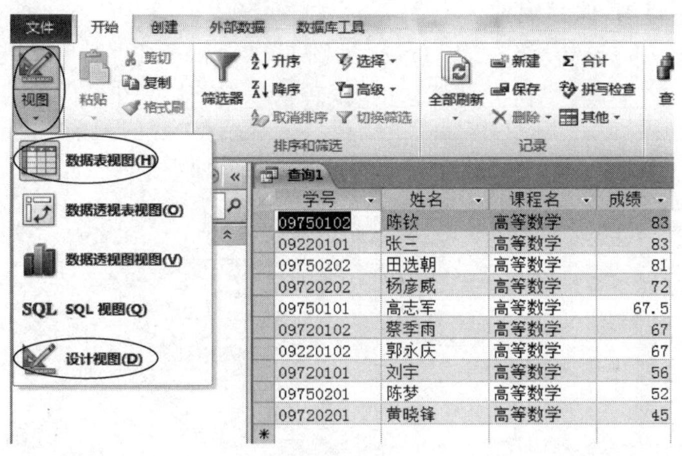

图 5-8　查询结果

```
SELECT 学生信息表.学号, 学生信息表.姓名, 课程表.课程名, 成绩表.成绩
FROM 学生信息表 INNER JOIN (课程表 INNER JOIN 成绩表 ON 课程表.课程号 = 成绩表.课程号) ON 学生信息表.学号 = 成绩表.学号
WHERE (((课程表.课程名)="高等数学"))
ORDER BY 成绩表.成绩 DESC;
```

图 5-9　SQL 语句

【任务 4】 创建窗体。

【要求】 使用窗体向导创建包含"课程号""课程名""课程类别"和"学分"字段的"课程信息"窗体。

【操作步骤】

(1) 选择数据源。

单击"创建"选项卡→"窗体"组→"窗体向导"命令。在"窗体向导"对话框"表/查询"组合框中选择"表：课程表"为窗体数据源，单击 >> 按钮，将该表字段全部移到"选定字段"列表框中，如图 5-10 所示，单击"下一步"按钮。

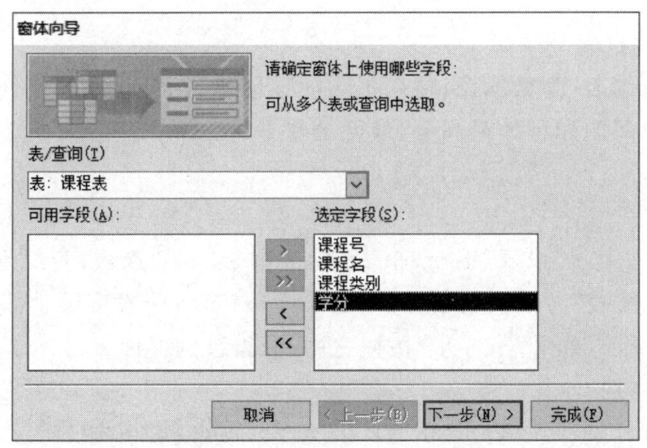

图 5-10　"窗体向导"对话框

(2) 设置窗体布局、保存窗体。

在“窗体向导”窗口选择“纵栏表”布局(见图 5-11)后,单击“下一步”按钮,输入窗体标题“课程信息”,单击“完成”按钮。新创建的“课程信息”窗体如图 5-12 所示。

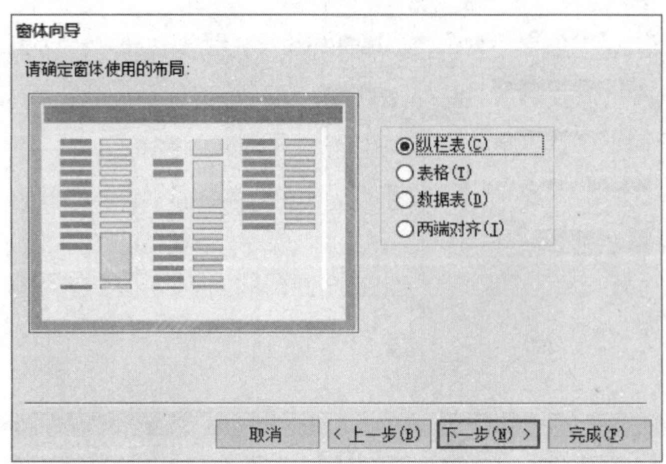

图 5-11 “窗体向导”窗口

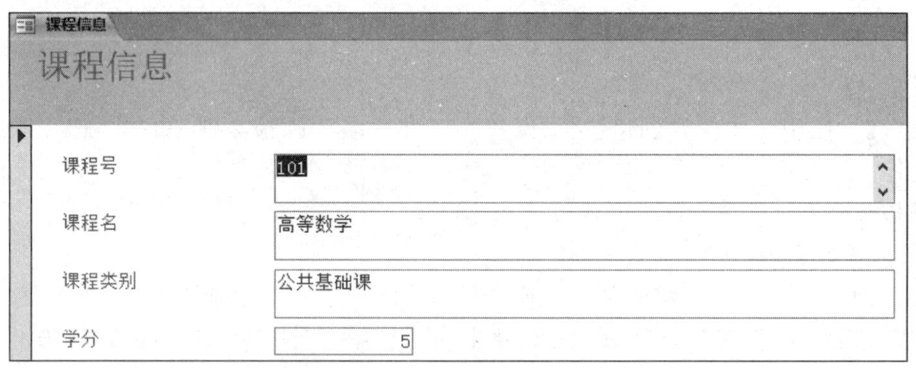

图 5-12 “课程信息”窗体

【任务 5】 创建报表。

【要求】 以“成绩表”为数据源,使用报表向导创建名为“课程成绩分析”的报表,按课程号进行分组,统计出每门课程的最高分、最低分和平均分。

【操作步骤】

(1) 选择数据源。

选择“创建”选项卡→“报表”组→“报表向导”命令。在“报表向导”对话框“表/查询”组合框中选择“表:成绩表”为报表数据源,单击 >> 按钮,将该表字段全部移到“选定字段”列表框中,如图 5-13 所示,单击“下一步”按钮,进入分组级别界面。

(2) 设置分组级别。

设置分组级别时,选择右侧区域的“学号”字段,单击 < 按钮,将该字段移动到左侧待选框中,选择待选框中的“课程号”字段,单击 > 按钮,选定为报表的分组字段。最后,单击“下一步”按钮,如图 5-14 所示。

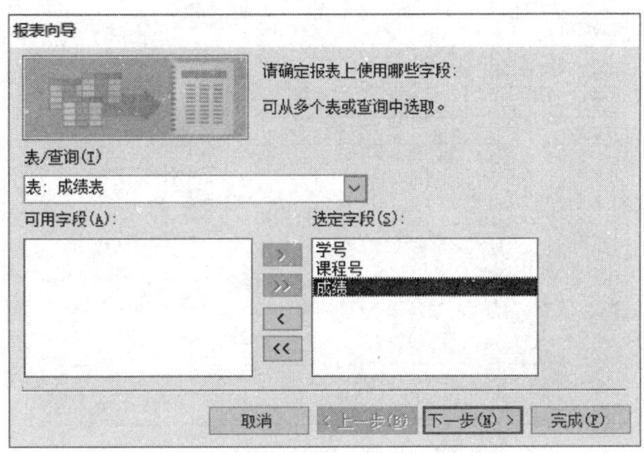

图 5-13 “报表向导”对话框

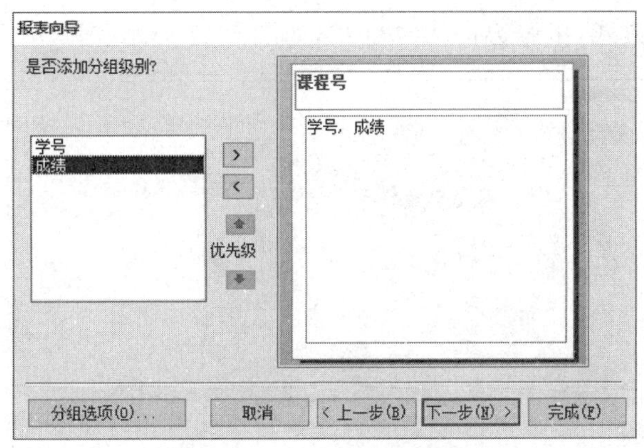

图 5-14 设定分组字段

(3) 设置汇总方式。

选择“成绩”为降序排序字段,如图 5-15 所示,并单击“汇总选项”按钮。在弹出的“汇总选项”对话框中,勾选“平均”“最小”“最大”复选框,在“显示”框架中选中“仅汇总”单选按钮,如图 5-16 所示,单击“确定”按钮,关闭该对话框,返回图 5-15 向导,单击“下一步”按钮。

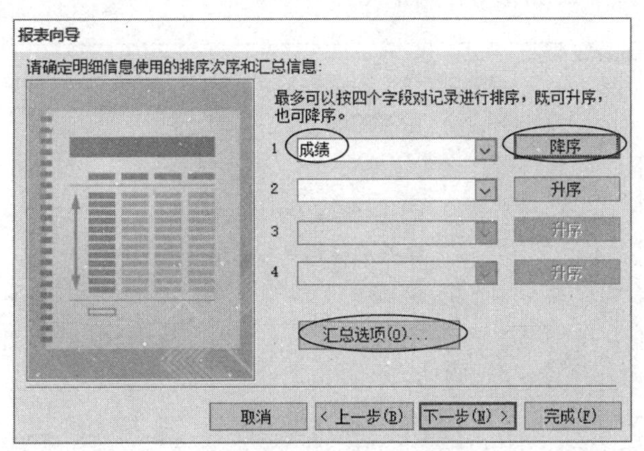

图 5-15 选择排序字段

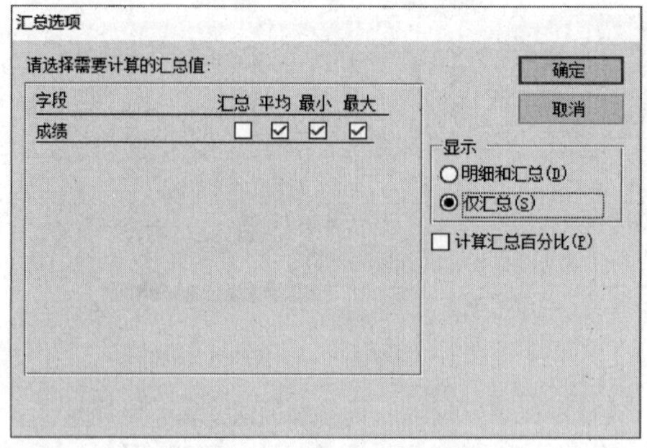

图 5-16　设定汇总方式

(4) 设置布局方式。

选择"递阶"布局方式,纸张方向为"纵向",如图 5-17 所示。单击"下一步"按钮。

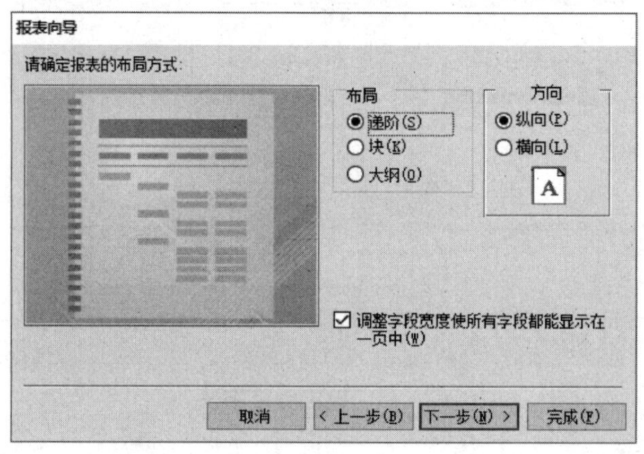

图 5-17　设定报表布局方式和纸张方向

(5) 输入报表标题,保存报表。

在报表向导的最后一个对话框中输入报表标题"课程成绩分析",如图 5-18 所示。单击"完成"按钮,预览报表,结果如图 5-19 所示。

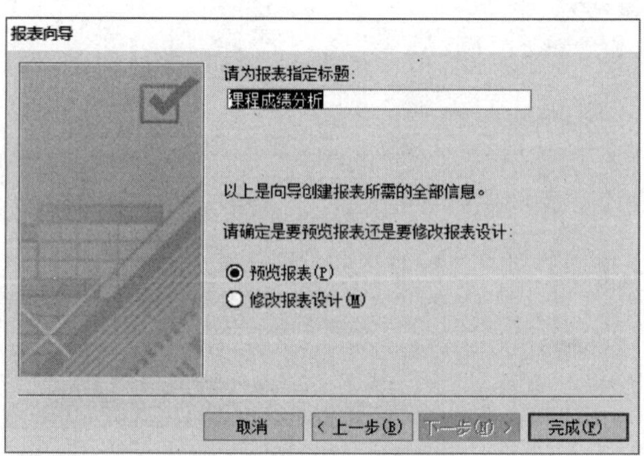

图 5-18　指定报表标题

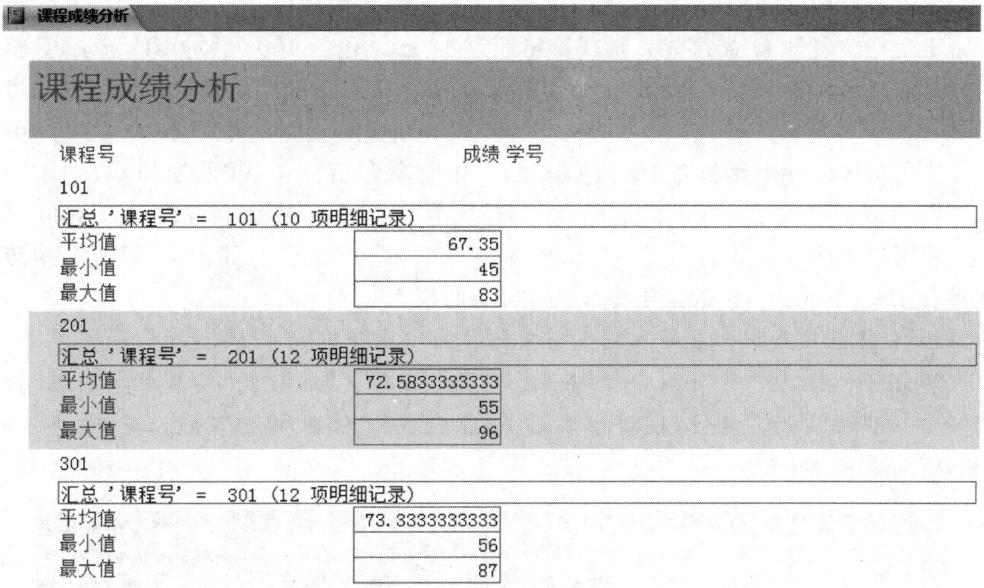

课程成绩分析

课程成绩分析

课程号	成绩	学号
101		
汇总 '课程号' = 101 (10 项明细记录)		
平均值	67.35	
最小值	45	
最大值	83	
201		
汇总 '课程号' = 201 (12 项明细记录)		
平均值	72.5833333333	
最小值	55	
最大值	96	
301		
汇总 '课程号' = 301 (12 项明细记录)		
平均值	73.3333333333	
最小值	56	
最大值	87	

图 5-19　报表预览结果

(6) 单击窗口右上角的“关闭”按钮。

三、实验作业

以下操作均在给定素材“唱片信息.accdb”数据库中进行。

(一) **基本操作**

1. 将 CD.accdb 数据库中的“类型”及“出版单位”表导入到当前数据库中。

2. 在数据库中建立一个新表，表名为“作曲家”，表结构如下：

字段名称	数据类型	字段大小
作曲家 ID	数字	长整型
作曲家名称	文本	10
作曲家介绍	文本	30
年代	日期/时间	

3. 分析“作曲家”表的字段构成，判断并设置主键。

4. 对“作曲家”表进行如下设置：

(1) 设置“作曲家名称”字段为必填字段；

(2) 设置“年代”字段的格式为“长日期”。

5. 将下列数据输入到“作曲家”表中。

作曲家 ID	作曲家名称	作曲家介绍	年代
2	冼星海	黄河	1935 年 4 月 23 日
1	聂耳	国歌作曲者	1945 年 4 月 23 日

6. 对主表“出版单位”与相关表“CD 收藏”，主表“类型”与相关表“CD 收藏”，建立关系，表间均实施参照完整性。

（二）简单应用

1. 建立一个名为 Q1 的查询，查找价格超过 100 元（包括 100 元）的 CD 记录，数据来源为“CD 收藏”“出版单位”表，显示 CDID、“主题名称”“购买日期”“介绍”“价格”和“出版单位名称”。

2. 使用窗体向导创建包含“作曲家名称”“作曲家介绍”“年代”的窗体，数据来源为表“作曲家”，设置窗体的标题为“作曲家”，窗体布局为“表格”，将窗体名称保存为 W1。

3. 使用报表向导创建名为 P1 的报表，显示“CD 收藏”表中全部记录，设置分组级别为“出版单位 ID”，布局为“递阶”，报表标题为“CD 收藏”。

☞**提示**：将数据库中的表导入到当前数据库的步骤如下。

① 单击“外部数据”→“导入并链接”组→Access 按钮，打开“获取外部数据”对话框（见图 5-20），单击“浏览”按钮，找到数据源（CD. accdb），单击“确定”按钮，打开“导入对象”对话框，如图 5-21 所示。

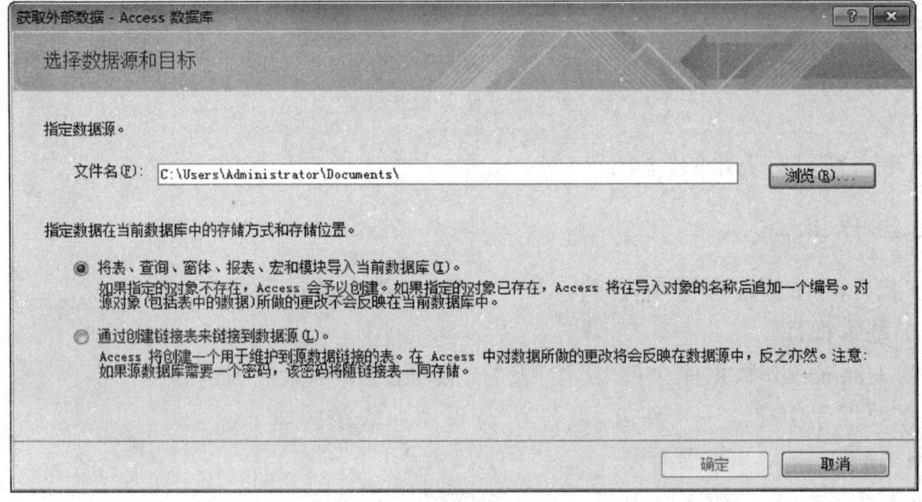

图 5-20　选择导入的数据源

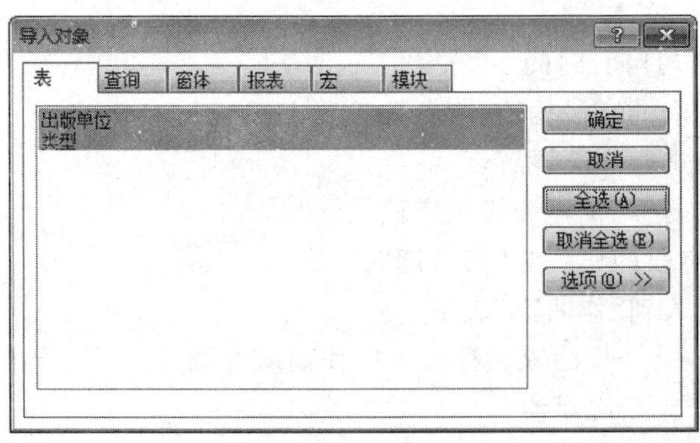

图 5-21　选择导入的表

② 在“表”选项卡中选择需要的数据表（如果需要导入所有的表，可以单击“全选”按钮），单击“确定”按钮。

第6章 计算机网络实验

实验6-1 网络配置的查看与设置

一、实验目的

(1) 掌握使用 ipconfig 命令查看本机网络设置的方法。

(2) 能够使用 ping 命令检查网络连接。

(3) 学会设置本机网络 IP 地址、子网掩码、DNS 等网络配置。

(4) 了解创建对等网的方法,尝试创建小型对等网。

二、实验示例

【任务1】 使用 ipconfig 命令查看网络配置。

【操作步骤】

(1) 选择“开始”→“运行”,在运行文本框输入 cmd,如图6-1所示,按 Enter 键,进入 cmd 运行窗口界面。

图6-1 运行 cmd 命令

(2) 在光标处输入 ipconfig,按 Enter 键。

(3) 在输出结果中查看本机 IP 地址,如图6-2所示。

使用 ipconfig 命令

图6-2 使用 ipconfig 命令查看本机 IP 地址

(4) 使用 ipconfig/all 命令，可查看更多网络配置信息，如图 6-3 所示。

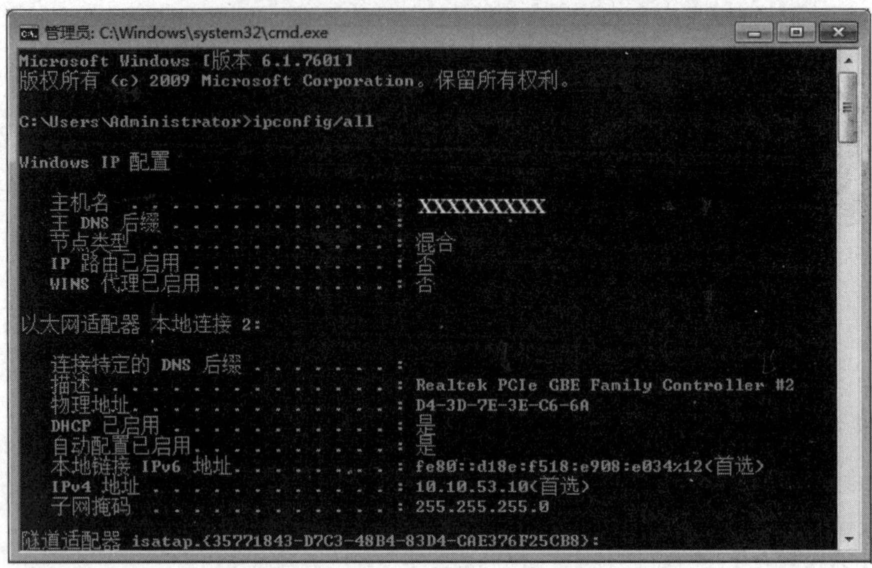

图 6-3　ipconfig/all 命令运行

【任务 2】 使用 ping 命令测试网络连接情况。

【操作步骤】

在 cmd 运行窗口光标处输入 ping 命令，检查网络连通性，如图 6-4 所示。

```
管理员: C:\Windows\system32\cmd.exe

C:\Users\Administrator>ping 10.10.53.10

正在 Ping 10.10.53.10 具有 32 字节的数据:
来自 10.10.53.10 的回复: 字节=32 时间<1ms TTL=64
来自 10.10.53.10 的回复: 字节=32 时间<1ms TTL=64
来自 10.10.53.10 的回复: 字节=32 时间<1ms TTL=64
来自 10.10.53.10 的回复: 字节=32 时间<1ms TTL=64

10.10.53.10 的 Ping 统计信息:
    数据包: 已发送 = 4，已接收 = 4，丢失 = 0 (0% 丢失)，
往返行程的估计时间(以毫秒为单位):
    最短 = 0ms，最长 = 0ms，平均 = 0ms

C:\Users\Administrator>_
```

图 6-4　使用 ping 命令查看网络连接情况

(1) 查看本机的网络设置是否正常，有以下几种方法：

- ping　127.0.0.1；
- ping　本机 IP 地址(如 10.10.53.10)；
- ping　localhost。

(2) 查看能否连接 Internet。

- ping　www.baidu.com；
- ping　202.113.88.67(城建大学主页)。

(3) 拔掉网线，再次测试 ping 本机地址(如 10.10.53.10)，查看显示结果。

【任务 3】 设置计算机网络配置参数(IP 地址、子网掩码、网关、DNS 服务器等)。

设置 IP 地址

【操作步骤】

(1) 单击"开始"→"控制面板"→"网络和 Internet"→"网络和共享中心",打开如图 6-5 所示的"网络和共享中心"窗口。或者右击任务栏右下角的网络图标,在弹出的提示界面中单击"打开网络和共享中心"打开如图 6-5 所示的窗口。

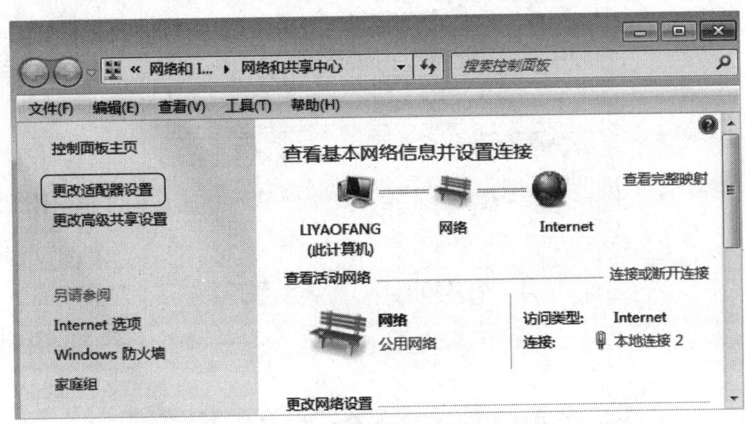

图 6-5 "网络和共享中心"窗口

(2) 单击"更改适配器设置",进入"网络连接"窗口,如图 6-6 所示。

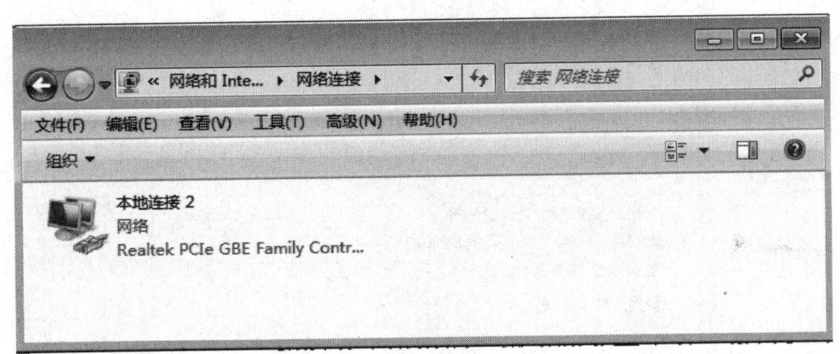

图 6-6 "网络连接"窗口

(3) 右击"本地连接",在弹出的菜单中选择"属性"命令,打开"本地连接 属性"对话框,如图 6-7 所示。

(4) 配置 IPv4 地址,单击"Internet 协议版本(TCP/IPv4)"→"属性"按钮,出现"Internet 协议版本 4(TCP/IP)属性"对话框,如图 6-8 所示。

若配置固定 IP 地址则选择"使用下面的 IP 地址",并输入相应的 IP 地址、子网掩码、默认网关等信息。若让系统自动在局域网中分配 IP 地址,则选择"自动获得 IP 地址"和"自动获得 DNS 服务器地址",单击"确定"按钮。

图 6-8 中的设置说明如下:

① IP 地址:局域网中同一网段的计算机 IP 地址不管设置为私有 IP 还是固定 IP,每一台计算机的 IP 地址应是唯一的。IP 地址 222.30.71.199 是一个 C 类地址,表示该局域网的网络地址为 222.30.71,该计算机的主机号是 199。

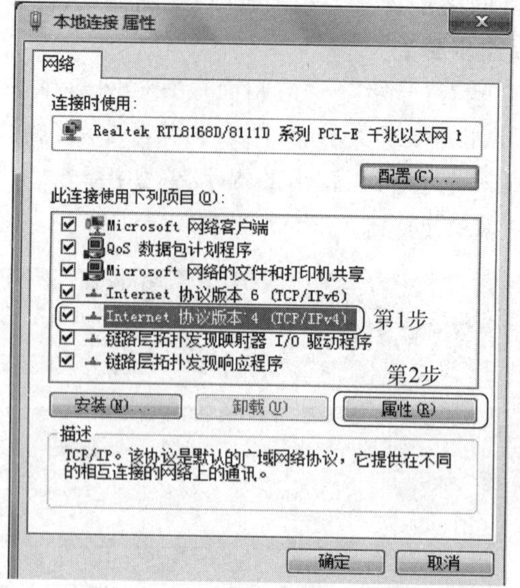

图 6-7 “本地连接 属性”对话框

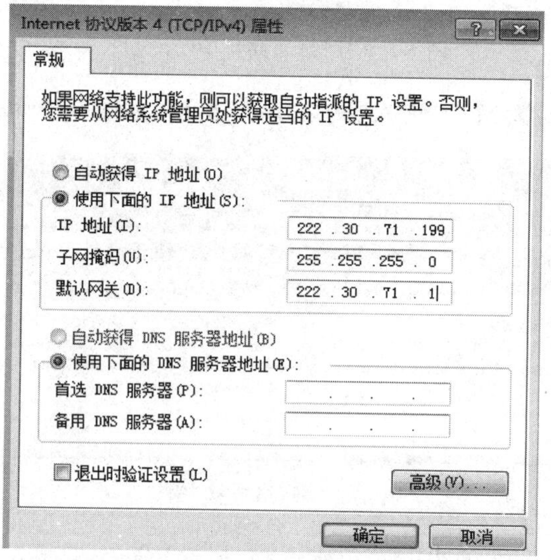

图 6-8 “Internet 协议版本 4(TCP/IP)属性”对话框

② 子网掩码：局域网中 C 类地址的子网掩码一般设置为 255.255.255.0。

③ 默认网关和 DNS 服务器：如果本地计算机需要通过其他计算机访问 Internet，需要将“默认网关”和 DNS 服务器设置为代理服务器的 IP 地址。

【任务 4】 建立小型对等网。

【要求】 同学们可以将一个宿舍内的多台机器用网线连接，创建一个小型对等网络。对等网络可以提供以下服务：

- 网络中的所有计算机共享一个 Internet 连接。
- 处理存储在网络中其他计算机上的文件。
- 所有计算机共享打印机。

【操作步骤】

(1) 硬件连接。

准备以下设备：一根足够长的 RJ-45 双绞线，一把网线钳，一台网线测试仪，几个水晶头。多机互联还需要准备一个交换机或路由器。

① 双机互连。

两台计算机互连，最简单的方法是使用双绞线将双方网卡直接连接起来，如图 6-9 所示。将一头网线的线序按照 TIA/EIA 568A 标准排列，另一头按照 TIA/EIA 568B 标准排列。

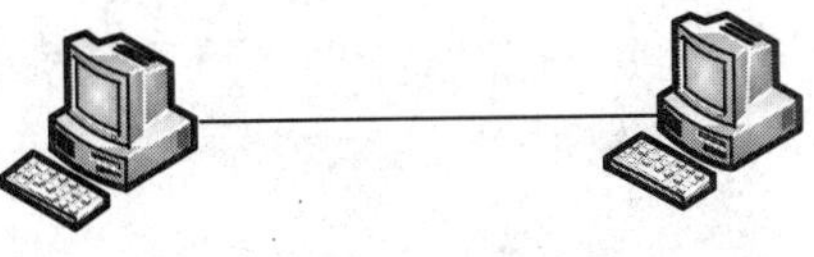

图 6-9 双机直接互联图

② 多机互联。

多台计算机互连，需要将每台计算机连接到同一个交换机实现网络连接。如图 6-10 所示，如果需要连接 Internet，则需要一台路由器和交换机连接起来，同时将外部光纤连接路由器即可。多机互联的网线两端线序必须相同，同为 TIA/EIA 568A 标准或同为 TIA/EIA 568B 标准。

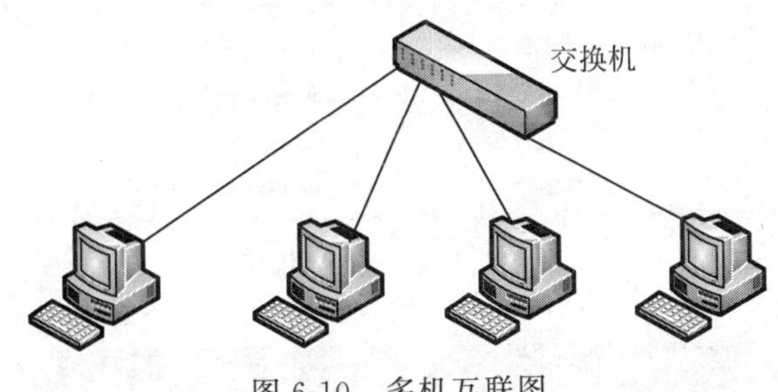

图 6-10 多机互联图

网线制作步骤：

① 用网线钳将双绞线两头去掉 3～4 厘米的外皮，露出里面的网线。

② 排线方法如下：

TIA/EIA 568A 线序：绿白、绿、橙白、蓝、蓝白、橙、棕白、棕。

TIA/EIA 568B 线序：橙白、橙、绿白、蓝、蓝白、绿、棕白、棕。

③ 将排好序的双绞线插入一个水晶头，尽量将网线接触到水晶头顶端，然后使用网线钳夹紧，另一端使用同样的方法插入水晶头。

④ 使用测线仪测试后，如果仪器的灯全部是亮的，表示网线连接成功，将做好的网线两端分别连接到两台计算机的网卡中。

(2) 网络连接配置。

网线连接成功后，进入 Windows 7 操作系统的“网络和共享中心”设置每台计算机的 IP 地址、子网掩码。IP 地址设置成私有 IP，例如 192.168.0.1～192.168.0.255 地址段。子网掩码设置为 255.255.255.0，设置方法请参看任务 3。

(3) 设置工作组和计算机标识。

为了使网络上的计算机能相互访问，需要将这些计算机设置为一个工作组，并使每台计算机都有唯一的名称进行标识。设置方法如下：右击“计算机”图标，选择“属性”选项，在“计算机名称、域和工作组设置”一栏中单击“更改设置”按钮，弹出“系统属性”对话框，如

图 6-11 所示。在“计算机名”选项卡单击“更改”按钮，在弹出的“计算机名/域更改”对话框中修改计算机名和工作组，如图 6-12 所示。

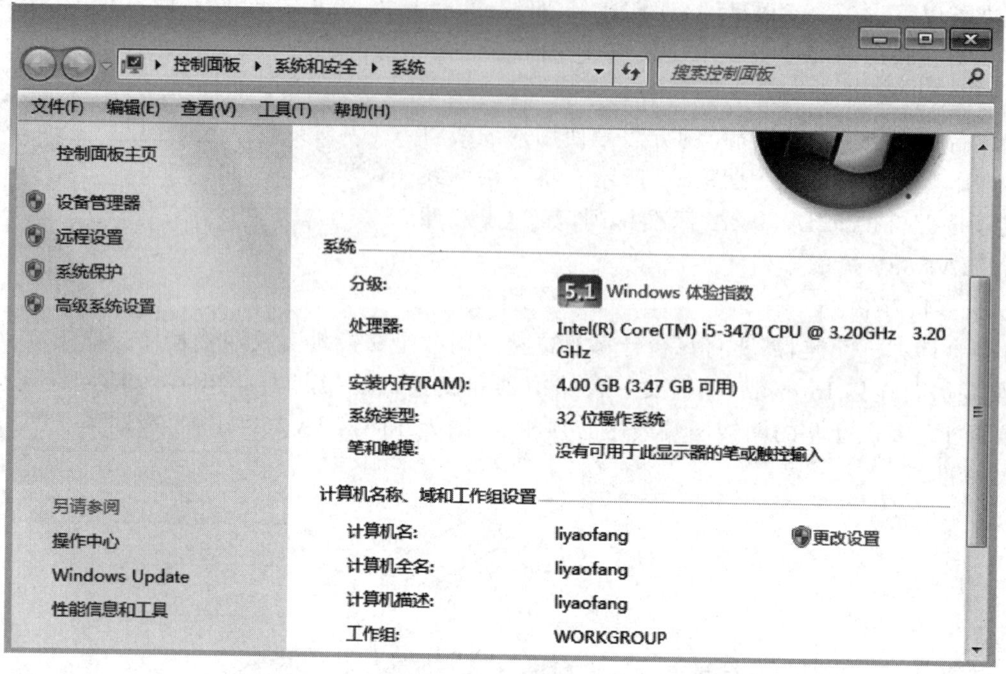

图 6-11　系统属性设置

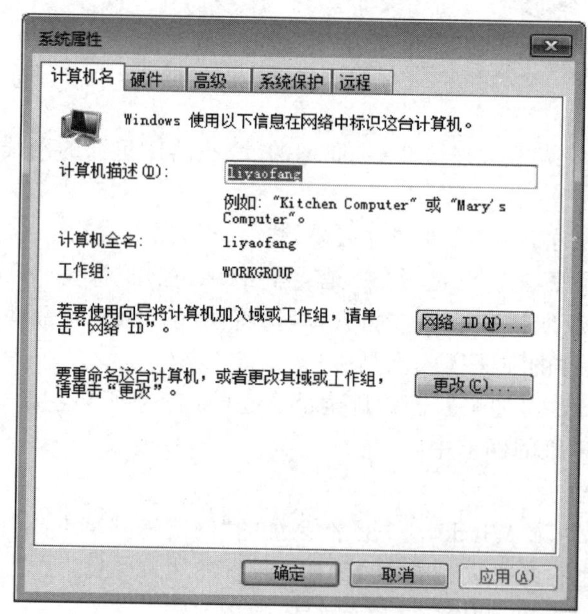

图 6-12　计算机名更改设置

（4）网络连通性测试。

局域网配置好后，如果网络连通计算机之间就可以互相访问了，通常使用 ping 命令测试，使用方法请参看任务 1，ping 命令格式为：ping 10.10.53.10（目标计算机的 IP

地址）。

（5）设置网络共享资源。

将本机的文件夹设置共享功能，网络中其他计算机就可以查看用户的共享文件夹，可以将文件夹设置权限，只允许他人查看，不能更改、不可删除等。具体操作步骤为：右击要共享的文件夹（文件夹名称为：图片）→快捷菜单中选择“属性”→“图片 属性”对话框→“共享”选项卡，可以修改共享设置，也可以设置访问密码进行保护设置，如图 6-13 所示。

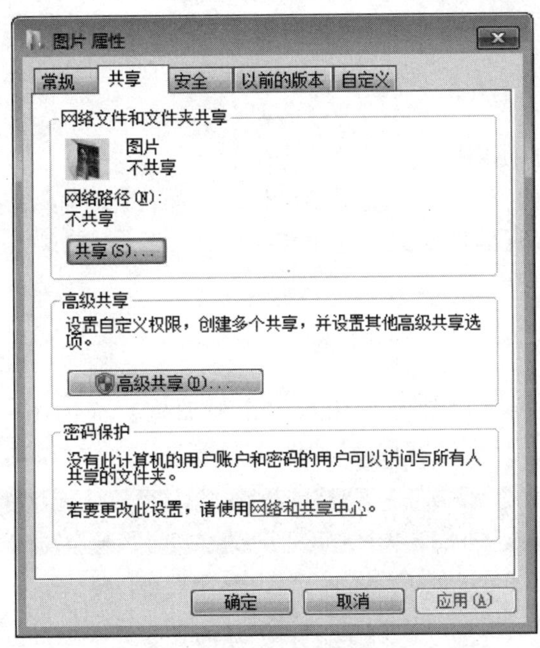

图 6-13　设置共享属性

三、实验作业

1. 请使用 ipconfig 命令查看并填写本机的网络配置情况：

① IPv4 地址：______________________

② 子网掩码：______________________

③ 默认网关：______________________

④ 首选 DNS 服务器：__________________

⑤ 备选 DNS 服务器：__________________

⑥ 物理地址：______________________

2. 按以下配置设置本机的网卡信息：

IP 地址：192.168.1.20

子网掩码：255.255.255.0

默认网关：192.168.1.1

首选 DNS：202.11.96.68

实验 6-2　Internet 应用

一、实验目的

（1）掌握浏览器的基本使用方法。

（2）熟练使用收藏夹。

（3）掌握申请电子邮箱和收发电子邮件的方法。

（4）能够使用 FTP 进行文件的上传和下载。

二、实验内容

【任务 1】 浏览器的使用。

【要求】 打开某个网页，完成一些实用操作。例如，浏览网页、保存当前网页的信息、保存图像或动画、将当前网页的地址保存到收藏夹中、使用历史记录以及设置浏览器的默认打开网页。

【操作步骤】

（1）浏览网页。

打开 IE 浏览器，在窗口的地址栏输入一个要浏览页面的 IP 地址或域名（如 www.baidu.com），按 Enter 键，弹出浏览页面，如图 6-14 所示。

图 6-14　百度主页

① 进入超链接所指向的网页。

单击具有超链接的文本或图标（鼠标悬浮指针变为“小手”形），进入该超链接所指向的网页。

② 在已经浏览过的网页之间跳转。

通常的方法是单击工具栏的“后退”或“前进”按钮，返回前一页，或回到后一页。

保存网页

（2）保存网页。

想随时查看曾经访问过的网页，最好的办法是将它们保存在硬盘中。将当前网页存储到硬盘中，操作方法为：

单击 IE 窗口菜单栏中的“文件”→“另存为”菜单，在弹出的“保存网页”对话框中（见图 6-15）输入要保存的文件名，选择保存类型和保存位置，单击“保存”按钮。

图 6-15　保存网页

(3) 保存图片。

有时候需要保存网页中的图片，以便随时使用或查看。保存网页图片的方法为：右击需要保存的图片，选择“图片另存为”命令，在弹出的“图片另存为”对话框中，设置文件名和保存类型，选择保存位置后，单击“保存”按钮。

(4) 添加收藏夹。

浏览 WWW 网页时，如果有需要反复访问的站点，可以把它的地址保存到“收藏夹”，以后再次访问这个站点时只需从“收藏夹”中选择即可。

具体方法为：单击菜单栏“收藏夹”→“添加到收藏夹”命令，如图 6-16 所示，在弹出的对话框中输入一个名称或使用网页已有名称，选择收藏夹路径，然后单击“添加”按钮。

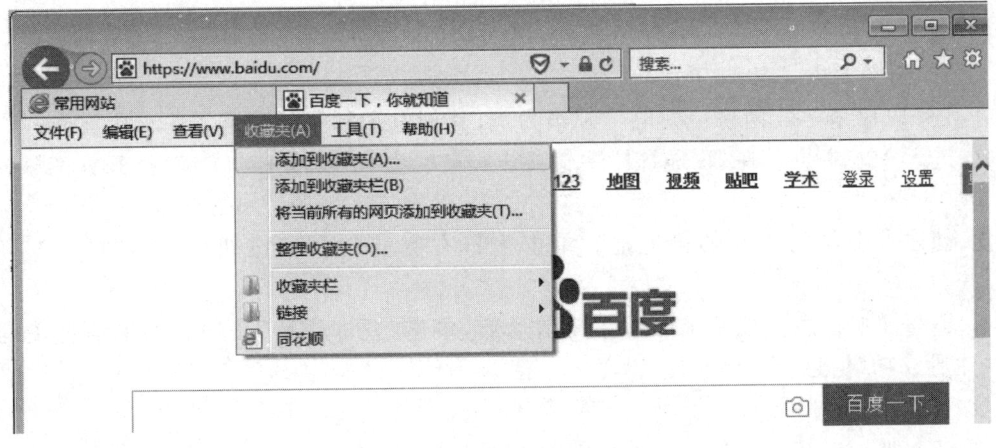

图 6-16　添加网页到收藏夹

(5) Internet Explorer 选项设置。

如果对 Internet Explorer 的各项默认设置不满意，可以单击菜单栏"工具"→"Internet 选项"命令，在出现的"Internet 选项"对话框进行自定义设置，如图 6-17 所示。"Internet 选项"对话框包含 7 个选项卡，可对主页、显示方式、历史记录保留时间以及 Internet 的安全特性进行设置。

IE 设置

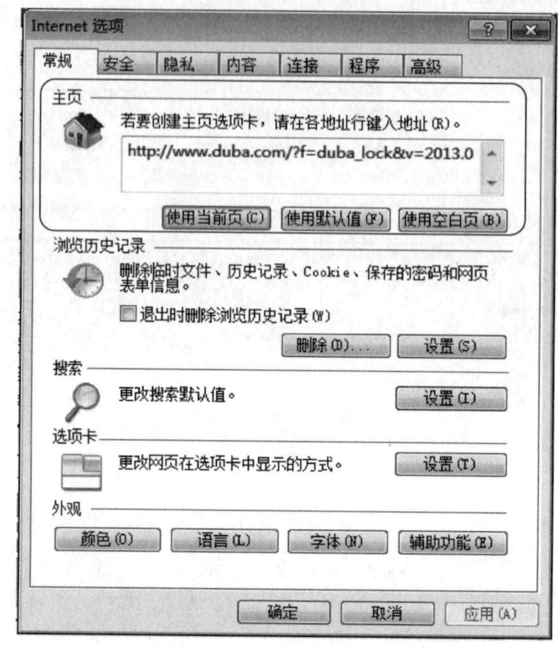

图 6-17 "Internet 选项"对话框

(6) 设置浏览器的默认打开网页。

在"Internet 选项"对话框(见图 6-17)中，选择"常规"选项卡的"主页"区域，单击"使用空白页"按钮，在"地址"栏中输入要设为默认打开网页(一般为经常使用的网址)的地址，单击"确定"按钮。这样，每次打开 IE 浏览器时，默认打开该网页。

【任务 2】 使用电子邮件。

【要求】 免费申请一个 126 邮箱，使用该邮箱收发邮件。

【操作步骤】

(1) 申请免费电子邮箱。

本任务以申请 126 网易免费电子邮箱为例，其他电子邮箱的申请方法与比类似。

① 进入 126 主页。在 IE 地址栏中输入 www.126.com，按 Enter 键，打开如图 6-18 所示网页。

② 创建一个新的 126 邮箱地址。单击窗口右侧的"注册"按钮，进入如图 6-19 所示界面。

③ 填写注册信息。按要求填写注册信息后，单击"立即注册"按钮。如果信息正确，会弹出"注册成功"信息。

(2) 收发电子邮件。

① 进入邮箱。在 126 邮箱的主页中输入用户所申请的电子邮箱的用户名和密码，单击

图 6-18 “126 网易免费电子邮箱申请”页面

图 6-19 注册 126 邮箱页面

“登录”按钮，即可进入邮箱。

② 写邮件。单击页面左上端的“写信”，进入写信界面，如图 6-20 所示。

在“收件人”文本框中输入收件人的邮箱地址，如果需要发送多人，可以单击“添加抄送”

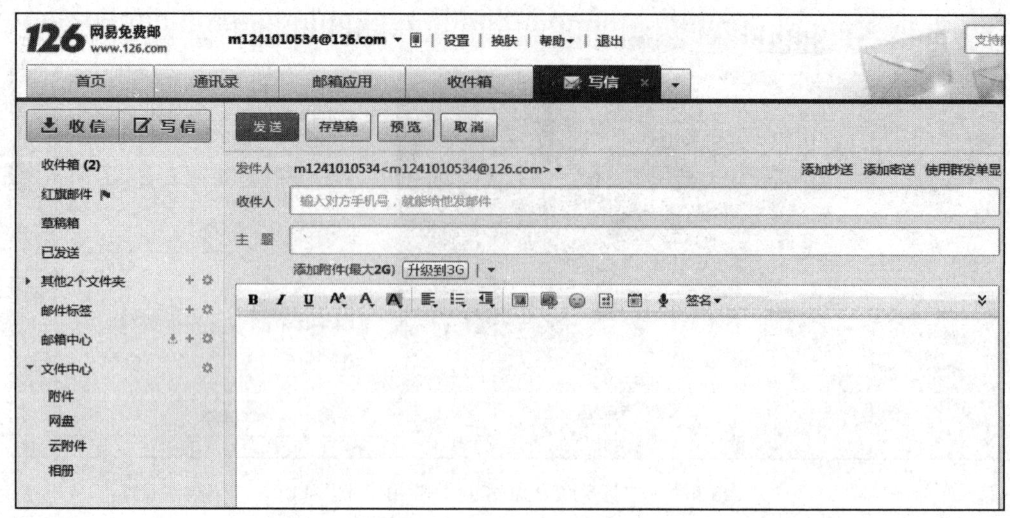

图 6-20　126 邮箱“写信”界面

或“添加密送”以及“使用群发”，并在文本框中输入其他收件人的邮箱地址。如果需要发送文件，单击“添加附件”，从计算机中选择要发送的文件，单击“发送”按钮，即可将所写的邮件发送到指定邮箱中。

③ 浏览邮箱中邮件的信息。单击邮箱界面左侧的“收件箱”，即可显示邮箱内所有邮件的主要信息(例如：发信人、日期、大小、有没有附件等)。如果有附件，可直接打开或下载。

④ 其他操作。选择某邮件后，可以执行以下操作：

- 单击“删除”按钮，可以将此邮件删除到“垃圾桶”文件夹中。
- 单击“回复”按钮，可以直接给此邮件的发件人回信。
- 单击“转发”按钮，可以将此邮件转发给其他人。

【任务 3】 使用 FTP 上传和下载文件。

【操作步骤】

(1) 登录 FTP 服务器。

在资源管理器(计算机)的地址栏中输入 FTP 服务器地址(例如：ftp://10.1.26.2)，如图 6-21 所示，输入 FTP 地址，按 Enter 键进入用户“登录身份”界面，如图 6-22 所示。

(2) 连接 FTP 站点。

输入正确的用户名和密码，账户密码验证成功后将转到 FTP 文件资源视图，如图 6-23 所示。

☞**提示**：FTP 中的文件不能直接双击打开查看，需下载到本地才能查看内容。

(3) 下载文件。

方法一：右击 FTP 窗口中要下载的文件，然后选择“复制到文件夹”命令后，在打开的“浏览文件夹”窗口中选择文件夹，然后单击“确定”按钮，即可完成文件下载。

方法二：选择文件或文件夹(和 Windows 文件操作相同，可以选择多个文件或文件夹)，使用快捷键 Ctrl+C，打开本机目标文件夹，使用快捷键 Ctrl+V 或右键粘贴即可。

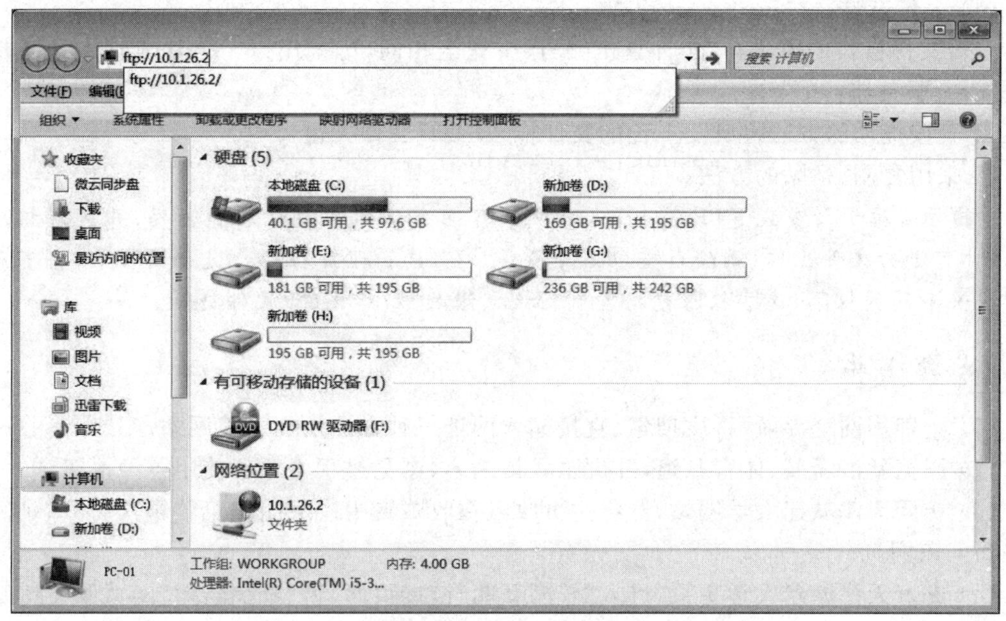

图 6-21　登录 FTP 站点

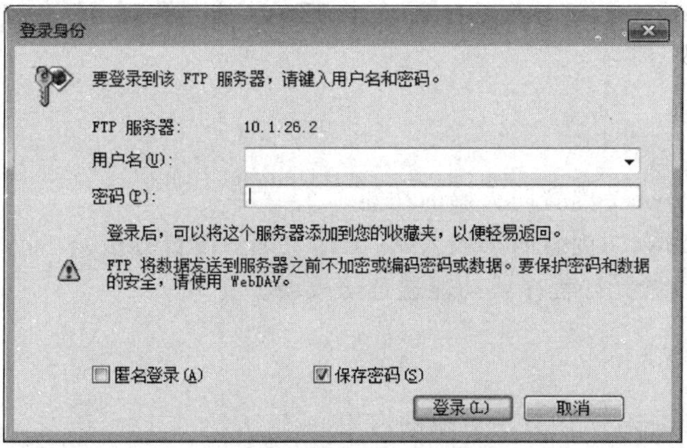

登录身份

要登录到该 FTP 服务器，请键入用户名和密码。

FTP 服务器：　10.1.26.2

用户名(U)：

密码(P)：

登录后，可以将这个服务器添加到您的收藏夹，以便轻易返回。

FTP 将数据发送到服务器之前不加密或编码密码或数据。要保护密码和数据的安全，请使用 WebDAV。

匿名登录(A)　保存密码(S)

登录(L)　取消

图 6-22　“登录身份”界面

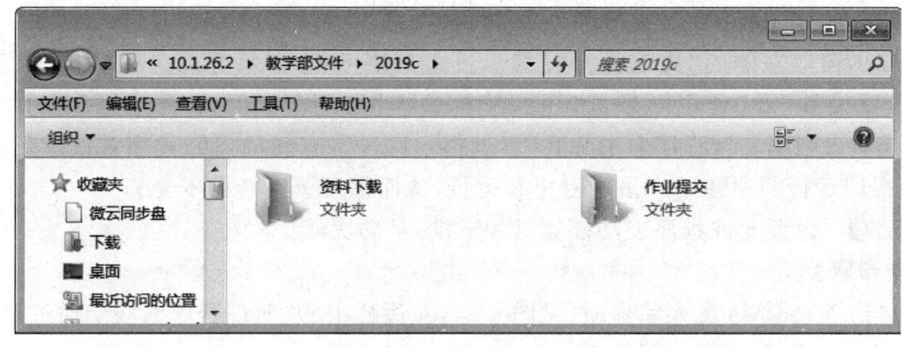

图 6-23　FTP 文件窗口

(4) 上传文件。

上传文件操作的方法与在“计算机”操作中完全相同，可采用以下方法实现本地文件上传到 FTP 服务器：

① 直接拖动的方法将所要上传的文件拖入 FTP 文件夹窗口中。

② 采用复制、粘贴的方法。

☞**提示**：对于大多数 FTP 服务器，用户只有拥有正确的用户名和密码，并获得相应的权限，才可进行文件上传、删除或重命名等操作。FTP 管理员在后台进行设置后，将不同的用户设置不同的权限，这些权限包括复制、删除、修改、新建文件/文件夹等。

三、实验作业

(1) 分别用网址导航、百度搜索、直接输入网址三种方法访问新浪网站。

(2) 浏览新浪新闻、体育频道，并浏览具体内容，浏览过程中注意使用各种按钮。

(3) 访问天津城建大学网站，并将主页收藏在收藏夹中。关闭浏览器再次打开，利用收藏夹访问该网页。

(4) 进入天津城建大学主页，进入“校园新闻”链接页面，将“校园新闻”网页保存到 D 盘根目录下，文件名为：校园新闻，保存类型为：网页，仅 HTML。

实验 6-3　Windows 7 系统内置防火墙设置

一、实验目的

(1) 了解 Windows 7 内置防火墙的功能。

(2) 掌握 Windows 7 内置防火墙入站、出站规则的设置方法。

(3) 掌握如何设置允许程序或功能通过防火墙。

二、实验内容

【任务 1】 Windows 7 内置防火墙的启用。

【操作步骤】

(1) 单击“开始”→“控制面板”→“系统和安全”→“Window 防火墙”，打开 Windows 防火墙界面，如图 6-24 所示。

(2) 单击窗口左侧的“更改通知设置”，进入如图 6-25 所示界面。将“家庭或工作(专用)网络位置设置”及“公用网络位置设置”均选择“启用 Windows 防火墙”选项，并勾选“Windows 防火墙阻止新程序时通知我”复选框。这样当有新的安装程序首次运行时，防火墙能在该程序运行前通知用户是否阻止其运行，从而保证了系统的安全。

【任务 2】 设置允许程序或功能通过 Windows 防火墙。

【操作步骤】

(1) 单击 Windows 防火墙界面(见图 6-24)左边栏中的“允许程序或功能通过 Windows 防火墙”，显示如图 6-26 所示界面。

(2) 单击“允许运行另一程序”按钮，在弹出的“添加程序”对话框“程序”列表中选择一

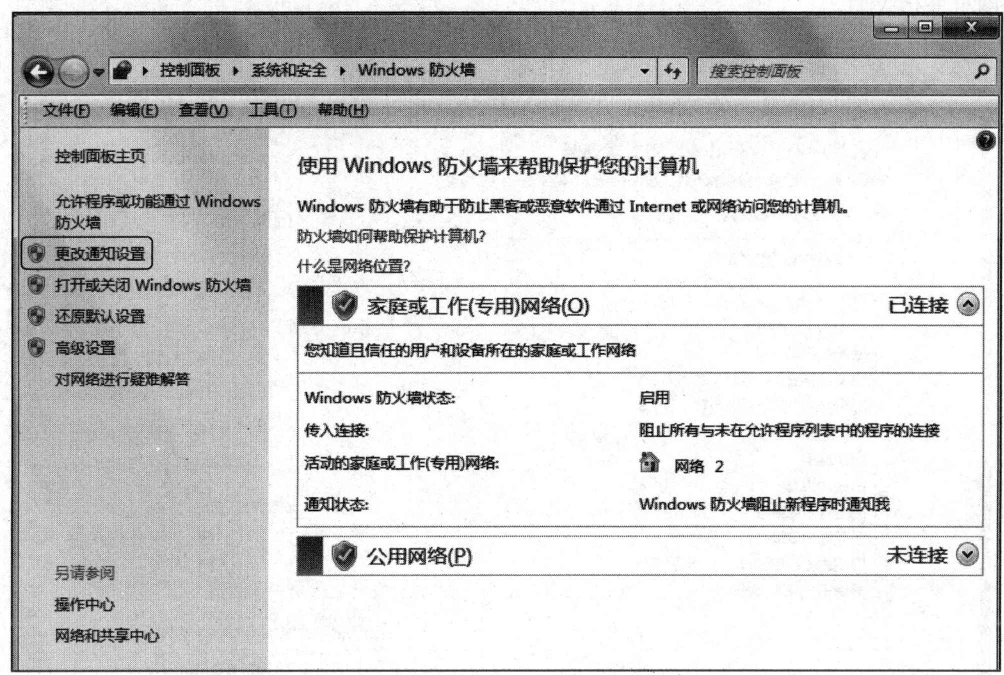

图 6-24 Windows 7 防火墙界面

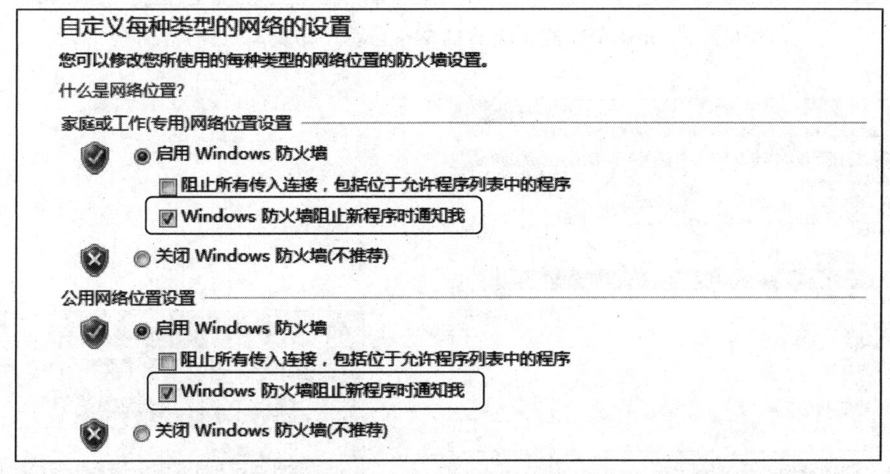

图 6-25 Windows 7 防火墙“更改通知设置”界面

项需要添加的应用程序，如图 6-27 所示，单击“网络位置类型”按钮，打开“选择网络位置类型”对话框，勾选“家庭/工作(专用)”，单击“确定”按钮，如图 6-28 所示。完成网络位置类型的定义后，单击如图 6-27 所示对话框中的“添加”按钮。

(3) 如果要禁用某一程序，可在图 6-26 中取消“允许的程序和功能”该程序的勾选。如果要删除某一程序的规则，只需要单击图 6-26 中的“删除”按钮，然后在弹出的对话框中单击“是”按钮。

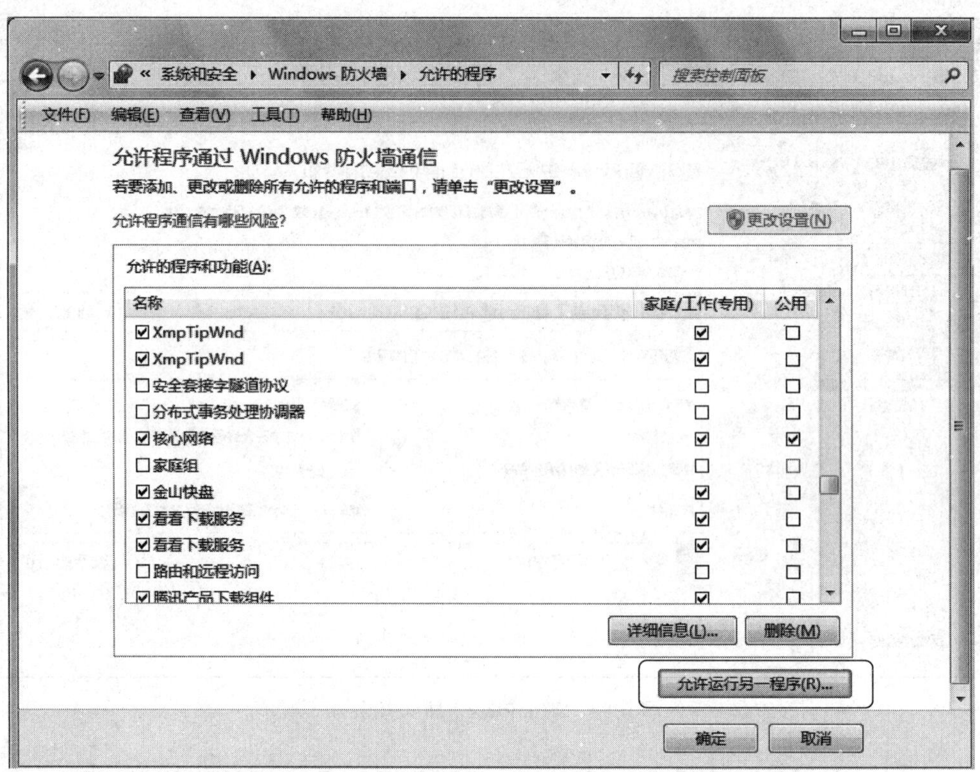

图 6-26 “允许程序或功能通过 Windows 7 防火墙”设置界面

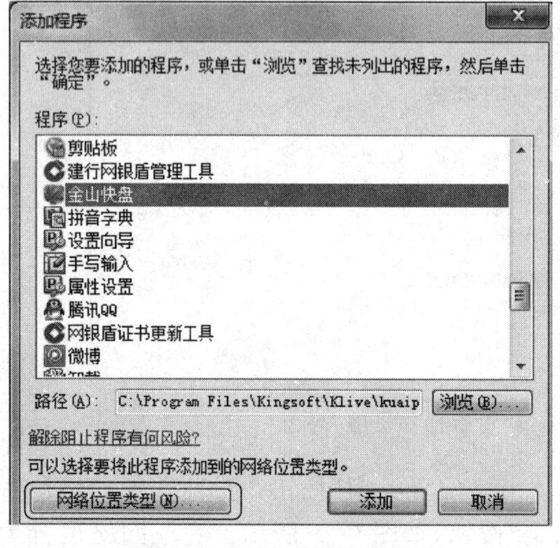

图 6-27 “添加程序”对话框

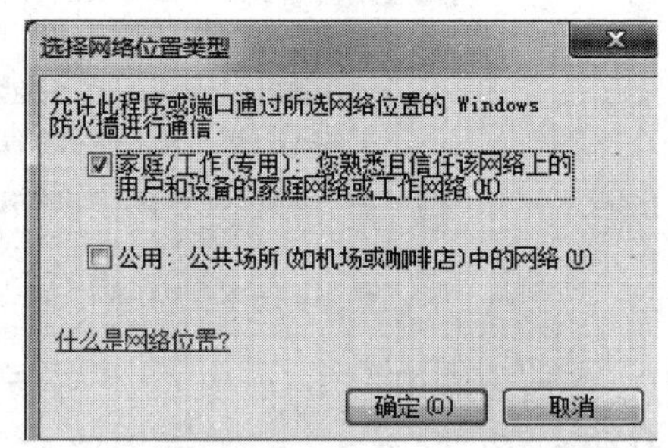

图 6-28 “选择网络位置类型”对话框

三、实验作业

启动 Windows 7 内置防火墙。

实验 6-4　使用 360 安全卫士

一、实验目的

(1) 了解 360 安全卫士软件的功能。

(2) 掌握 360 安全卫士软件的下载、安装和更新方法。

(3) 学会使用 360 安全卫士软件进行木马查杀、清理插件。

(4) 能够使用 360 安全卫士软件清理使用痕迹,查看网络连接及进程。

二、实验内容

【任务 1】 下载并安装 360 安全卫士,并进行安全更新。

【操作步骤】

(1) 打开网页:http://www.360.cn/download/,下载后进行默认安装。

(2) 打开 360 安全卫士主界面,单击“漏洞修复”选项卡,进入系统漏洞修复界面。360 安全卫士可以为系统修复高危漏洞,进行功能性更新,扫描范围包括操作系统及多种软件,如 Microsoft Office、Adobe Flash 等。程序自动扫描存在的漏洞,并列出需要更新的补丁,如果有可选漏洞需要修复,可以勾选图 6-29 中“其他及功能性更新补丁”复选框。

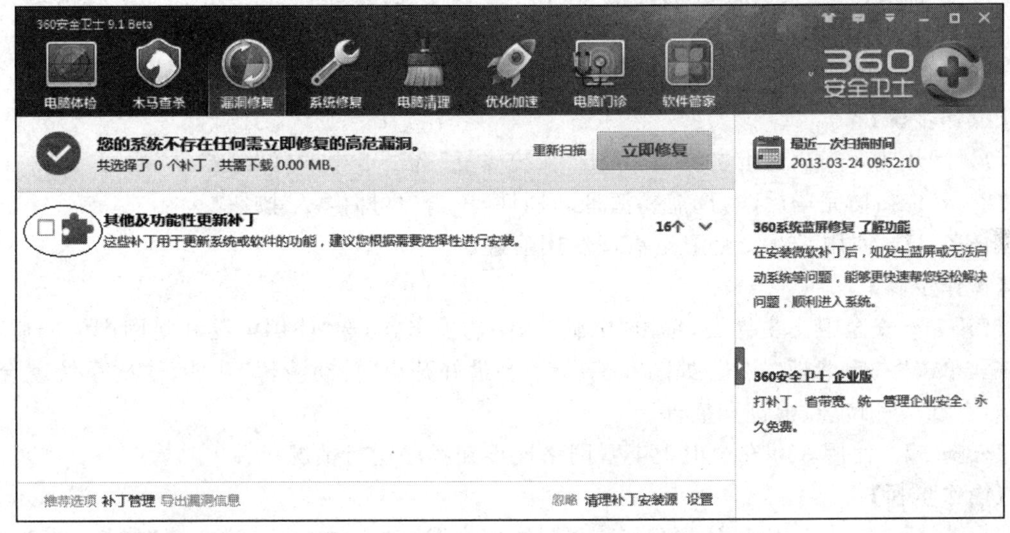

图 6-29　360 安全卫士修复漏洞界面

(3) 单击“立即修复”按钮。

【任务 2】 使用 360 安全卫士进行木马查杀。

【操作步骤】

(1) 打开 360 安全卫士主界面,单击“木马查杀”选项卡,进入查杀木马界面,如图 6-30 所示。

图 6-30　360 安全卫士木马查杀界面

(2) 单击“快速扫描”按钮，等待程序对系统进行扫描。

(3) 扫描后，勾选需要处理的内容，单击“立即处理”按钮。处理完毕后重启系统完成修复。

【任务 3】 使用 360 安全卫士清理插件。

【操作步骤】

(1) 打开 360 安全卫士主界面，单击“系统修复”选项卡中的“常规修复”按钮。

(2) 等待扫描完毕后，勾选需要清理的插件，单击“立即修复”按钮。

【任务 4】 使用 360 安全卫士清理使用痕迹。

【操作步骤】

打开 360 安全卫士主界面，单击“电脑清理”选项卡，勾选“使用电脑和上网产生的痕迹”复选框，单击“一键清理”按钮，如图 6-31 所示。最好开启“自动清理”功能，这样系统就会在空闲时自动清理垃圾、痕迹和插件。

【任务 5】 使用 360 安全卫士查看网络连接和程序运行情况。

【操作步骤】

(1) 打开 360 安全卫士主界面，双击“功能大全”选项卡的“流量防火墙”按钮，进入 360 安全卫士流量防火墙界面，如图 6-32 所示，可以查看正在连接网络的程序。

(2) 打开 360 安全卫士主界面，双击“功能大全”选项卡的“任务管理器”按钮，进入 360 安全卫士任务管理器界面，如图 6-33 所示，可以查看正在运行的程序，也可以关闭运行不正常的应用程序及不安全的进程。

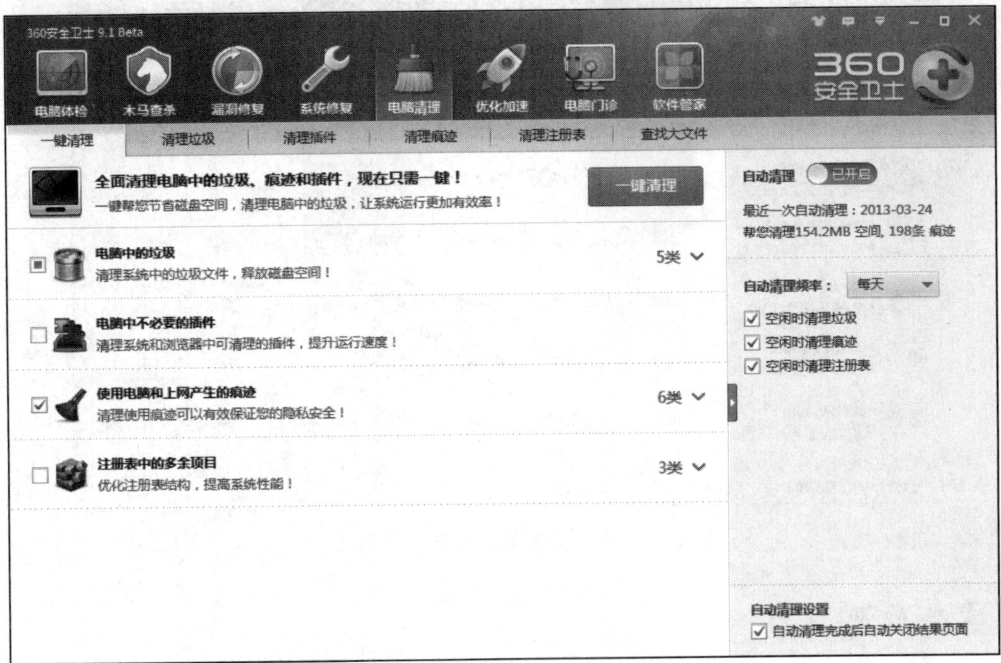

图 6-31　360 安全卫士电脑清理界面

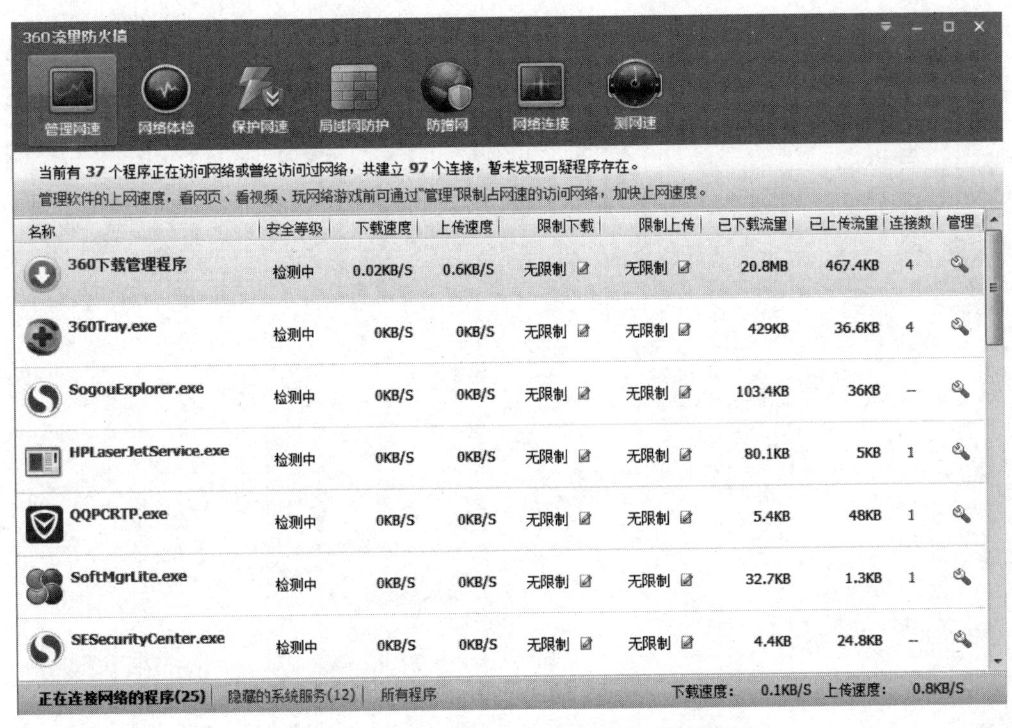

图 6-32　360 安全卫士"流量防火墙"界面

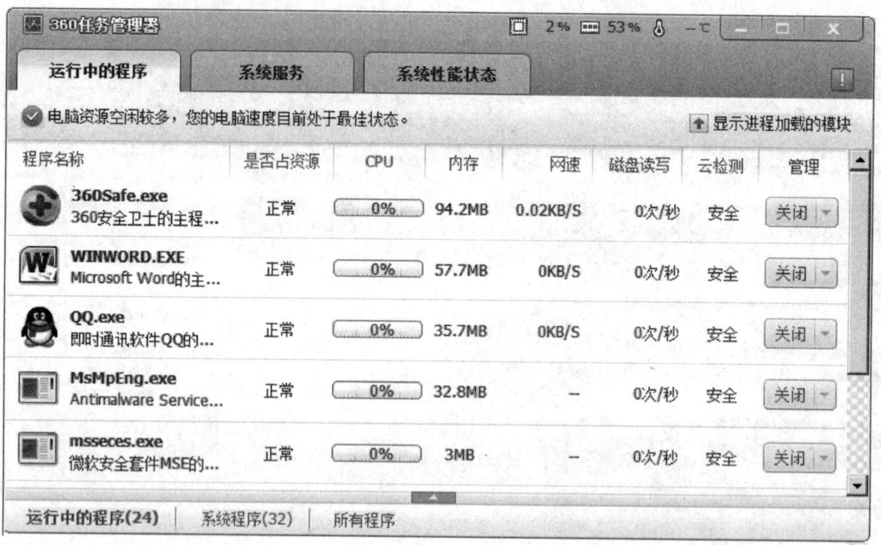

图 6-33　360 安全卫士任务管理器界面

三、实验作业

在本地计算机安装 360 安全卫士并进行木马查杀。

练习与测试篇

第7章 计算文化

一、单选题

1. 计算工具不断发展的动力是社会需求，第一台电子数字计算机 ENIAC 的产生是适应社会(　　)需求。

A. 农业　　B. 工业　　C. 军事　　D. 教育

2. 世界上第一台电子计算机研制成功的时间是(　　)年。

A. 1946　　B. 1947　　C. 1951　　D. 1952

3. 电子计算机主要是由(　　)来划分发展阶段的。

A. 集成电路　　B. 电子器件　　C. 电子管　　D. 晶体管

4. 电子器件采用晶体管的计算机被称为(　　)。

A. 第一代计算机　　B. 第二代计算机

C. 第三代计算机　　D. 第四代计算机

5. 世界上第一台电子计算机的电子器件是(　　)。

A. 晶体管　　B. 电子管

C. 集成电路　　D. 大规模和超大规模集成电路

6. 从第一代计算机到第四代计算机的体系结构是相同的，都是由运算器、控制器、存储器、输入设备和输出设备构成的，称为(　　)体系结构。

A. 比尔·盖茨　　B. 艾伦·图灵

C. 冯·诺依曼　　D. 罗伯特·诺依斯

7. 关于电子计算机的特点，以下论述错误的是(　　)。

A. 运行过程不能自动、连续进行，需人工干预

B. 计算精度高

C. 运算速度快

D. 具有记忆和逻辑判断能力

8. 计算机辅助设计的英文缩写是(　　)。

A. CAPP　　B. CAM　　C. CAI　　D. CAD

9. 计算机从规模上可分为(　　)。

A. 科学计算、数据处理和人工智能计算机　　B. 电子模拟和电子数字计算机

C. 巨型、大型、中型、小型和微型计算机　　D. 便携、台式和微型计算机

10. 现代集成电路使用的半导体材料通常是(　　)。

A. 铜　　B. 铝　　C. 硅　　D. 碳

11. 国产银河系列超级计算机是属于(　　)。
A. 中型机　　B. 微型机　　C. 小型机　　D. 巨型机
12. 计算机最早应用于(　　)。
A. 信息处理　　B. 科学计算　　C. 自动控制　　D. 系统仿真
13. 办公自动化(OA)属于计算机的(　　)应用。
A. 辅助设计　　B. 人工智能　　C. 信息处理　　D. 科学计算
14. 在“人机大战”中,计算机“深蓝”战胜了国际象棋大师,这是计算机在(　　)方面的应用。
A. 数据处理　　B. 人工智能
C. 过程处理　　D. 计算机辅助设计
15. 下列不属于计算机人工智能应用领域的是(　　)。
A. 在线订票　　B. 医疗诊断　　C. 机器翻译　　D. 智能机器人
16. 消费者与消费者之间通过第三方电子商务平台进行交易的电子商务模式是(　　)。
A. C2C　　B. O2O　　C. B2B　　D. B2C
17. 信息高速公路是指(　　)。
A. 装备有通信设施的高速公路　　B. 电子邮政系统
C. 快速专用通道　　D. 国家信息基础设施

二、填空题

1. 2001年,中科院计算所研制成功中国第一款通用CPU是________。
2. 世界上第一台电子计算机称为________(英文简称)。
3. 第三代计算机采用的电子器件是________。
4. 医疗诊断属于计算机在________方面的应用。
5. VR的中文全称为________。
6. 运用计算机进行图书资料处理和检索,是计算机在________方面的应用。
7. 未来新型计算机有________、________、________、________和纳米计算机。
8. ________是运用计算机科学的基础概念进行问题求解、系统设计以及人类行为理解等涵盖计算机科学之广度的一系列思维活动。

参考答案

一、单选题

1	2	3	4	5	6	7	8	9	10
C	A	B	B	B	C	A	D	C	C
11	12	13	14	15	16	17			
D	B	C	B	A	A	D			

二、填空题

1. 龙芯 1 号
2. ENIAC
3. 集成电路
4. 人工智能
5. 虚拟现实
6. 信息处理(数据处理)
7. 光子计算机；生物计算机；分子计算机；量子计算机
8. 计算思维

第 8 章 计算基础

一、单选题

1. 在计算机内部，一切信息的存取、处理和传送的形式是(　　)。
A. ASCII 码　　B. BCD 码　　C. 二进制数　　D. 十六进制数
2. 计算机内部采用二进制表示数据信息，二进制主要优点是(　　)。
A. 容易实现　　B. 方便记忆
C. 书写简单　　D. 符合使用的习惯
3. 二进制数 11110111 转换成十六进制数为(　　)。
A. 77　　B. D7　　C. E7　　D. F7
4. 十进制数 269 转换为十六进制数为(　　)。
A. 10E　　B. 10D　　C. 10C　　D. 10B
5. 将十进制数 215 转换成二进制数是(　　)。
A. 11010111　　B. 11101010　　C. 1101011　　D. 11010110
6. 将十进制数 215 转换成八进制数是(　　)。
A. 327　　B. 268　　C. 352　　D. 326
7. 将十进制数 28.25 转换成二进制数是(　　)。
A. 1101000.25　　B. 11100.01　　C. 1011100.125　　D. 1110.5
8. 有一个数值为 152，它与十六进制数 6A 等值，则该数值是(　　)。
A. 二进制数　　B. 八进制数　　C. 十进制数　　D. 四进制数
9. 在下列不同进制的 4 个数中，(　　)是最小的一个数。
A. $(45)_{10}$　　B. $(57)_8$　　C. $(3B)_{16}$　　D. $(110011)_2$
10. 二进制数 1010.101 对应的十进制数是(　　)。
A. 11.33　　B. 10.625　　C. 12.755　　D. 16.75
11. 已知 8 位二进制正整数是 01101011B，则其对应负数的补码表示为(　　)。
A. 10010100B　　B. 10010101B　　C. 11101011B　　D. 1101011B
12. 二进制加法中 1+1+1=$(\quad)_2$(二进制)。
A. 11　　B. 3　　C. 10　　D. 1
13. 二进制数 10011010 和 00101011 进行逻辑乘运算(即“与”运算)的结果是(　　)。
A. 00001010　　B. 10111011　　C. 11000101　　D. 11111111
14. 一个字节由 8 位二进制数组成，其最大容纳的十进制整数为(　　)。
A. 255　　B. 233　　C. 245　　D. 47

15. 国际上广泛采用的美国标准信息交换码是指(　　)。

A. 国标码　　B. 西文字符

C. ASCII 码　　D. 所有字符编码

16. ASCII 码是表示(　　)的代码。

A. 西文字符　　B. 浮点数

C. 汉字和西文字符　　D. 各种文字

17. 按对应的 ASCII 码值来比较,正确的结果是(　　)。

A. Q 比 q 大　　B. F 比 e 大

C. 空格比句号大　　D. 空格比 ESC 大

18. 小写字母 a 和大写字母 A 的 ASCII 码值之差为(　　)。

A. 34　　B. 30　　C. 32　　D. 28

19. 采用 16×16 点阵,一个汉字的字形码占(　　)字节数。

A. 16　　B. 32　　C. 72　　D. 256

20. 汉字系统中的汉字字库里存放的是汉字的(　　)。

A. 机内码　　B. 输入码　　C. 字形码　　D. 国标码

21. 已知英文字母 m 的 ASCII 码值是 109,那么英文字母 j 的 ASCII 码值是(　　)。

A. 111　　B. 105　　C. 106　　D. 112

22. 计算机对汉字信息的处理过程实际上是各种汉字编码间的转换过程,这些编码主要包括(　　)。

A. 汉字外码、汉字内码、汉字输出码等

B. 汉字输入码、汉字区位码、汉字国标码、汉字输出码等

C. 汉字外码、汉字内码、汉字国标码、汉字输出码等

D. 汉字输入码、汉字内码、汉字地址码、汉字字形码等

23. 下列对补码的叙述中,不正确的是(　　)。

A. 负数的补码是该数的反码最右加 1

B. 负数的补码是该数的原码最右加 1

C. 正数的补码就是该数的原码

D. 正数的补码就是该数的反码

24. 计算机中一个浮点数由(　　)两部分组成。

A. 阶码和基数　　B. 阶码和尾数　　C. 基数和尾数　　D. 整数和小数

25. 在微机中,应用最普遍的字符编码是(　　)。

A. BCD 码　　B. ASCII 码　　C. 汉字编码　　D. 补码

26. 下列各叙述中,正确的是(　　)。

A. 正数二进制原码和补码相同

B. 所有的十进制小数都能准确地转换为有限的二进制小数

C. 汉字的计算机机内码就是国标码

D. 存储器具有记忆能力,其中的信息任何时候都不会丢失

27. 计算机中的机器数有三种表示方法,下列(　　)不是。

A. 反码　　B. 原码　　C. 补码　　D. ASCII 码

28. 在 ASCII 码表中,按照 ASCII 值从大到小排列顺序是(　　)。

A. 数字、英文大写字母、英文小写字母

B. 数字、英文小写字母、英文大写字母

C. 英文大写字母、英文小写字母、数字

D. 英文小写字母、英文大写字母、数字

29. 多媒体计算机必须包括的设备是(　　)。

A. 软盘驱动器　　B. 网卡　　C. 打印机　　D. 声卡

30. 下面关于声卡的叙述中,正确的是(　　)。

A. 利用声卡只能录制人的说话声,不能录制自然界中的鸟鸣声

B. 利用声卡可以录制 VCD 影碟中的伴音,但不能录制电视机和收音机里的声音

C. 利用声卡可以录制 WAVE 格式的音乐,也能录制 MIDI 格式的音乐

D. 利用声卡只能录制 WAVE 格式的音乐,不能录制 MIDI 格式的音乐

31. 下列选项中,不属于计算机多媒体的媒体类型的是(　　)。

A. 文本　　B. 音频　　C. 动画　　D. 程序

32. (　　)可以把模拟声音信号转换成数字声音信号。

A. R/D　　B. I/O　　C. D/A　　D. A/D

33. 计算机的多媒体技术是以计算机为工具,接收、处理和显示由(　　)等表示的信息技术。

A. 中文、英文、日文　　B. 图像、动画、声音、文字和影视

C. 拼音码、五笔字型码　　D. 键盘命令、鼠标器操作

34. 以下属于多媒体技术应用范畴的是(　　)。

A. 教育培训　　B. 虚拟现实　　C. 商业服务　　D. 以上都对

35. 音频数字化的三个重要指标不包括(　　)。

A. 采样频率　　B. 采样精度　　C. 声道数　　D. 采样间隔

36. 在声音的数字化过程中,采样频率越高,声音的(　　)越高。

A. 保真度　　B. 失真度　　C. 噪声　　D. 频率

37. 对波形声音采样频率越高,则数据量(　　)。

A. 越大　　B. 越小　　C. 恒定　　D. 不能确定

38. 频响范围是耳机的性能指标之一,好的耳机是全频的,即可以还原人耳所能听见的所有音频,这一范围是(　　)。

A. 20～100Hz　　B. 80～3400Hz

C. 20Hz～20kHz　　D. 0～20Hz

39. 1 分钟立体声、16 位采样位数、22.05kHz 采样频率声音的不压缩的数据量约为(　　)。

A. 42.34MB　　B. 2.52MB　　C. 21.17MB　　D. 5.05MB

40. 下列声音文件格式中,(　　)是波形声音文件格式。

A. WAV　　B. CMF　　C. VOC　　D. MID

41. 下列文件格式中,(　　)不是图像文件的扩展名。

A. FLC　　B. JPG　　C. BMP　　D. GIF

42. 以 150dpi 扫描的一幅照片经过处理后(未改变像素数量)再以 300dpi 出图,打印出

的照片与原来的照片尺寸相比会(　　)。

A. 变大　　B. 缩小　　C. 不变　　D. 都不对

43. 用于压缩静止图像的标准是(　　)。

A. JPEG　　B. MPFG　　C. H.261　　D. 以上均不能

44. 音频与视频信息在计算机内是以(　　)表示的。

A. 模拟信息　　B. 模拟信息或数字信息

C. 数字信息　　D. 某种转换公式

45. 视频文件的内容包括视频数据和(　　)数据。

A. 音频　　B. 视频　　C. 动画　　D. 图形

46. MIDI 是指(　　)。

A. 应用程序接口　　B. 媒体控制接口

C. 音乐设备数字接口　　D. 字符用户界面

47. 帧是视频图像或动画的(　　)组成单位。

A. 唯一　　B. 最小　　C. 基本　　D. 最大

48. 一个参数为 2 分钟、25 帧/秒、640×480 分辨率、24 位真彩色数字视频的不压缩的数据量约为(　　)。

A. 2764.8MB　　B. 21093.75MB　　C. 351.56MB　　D. 2636.72MB

49. 声音的编码过程为(　　)。

A. 模拟信号→数字信号　　B. 模拟信号→采样→量化→编码

C. 数字信号→模拟信号　　D. 编码→采样→量化→编码

50. 数据的(　　)是多媒体发展的一项关键技术。

A. 编辑与播放　　B. 压缩及解压缩　　C. 数字化　　D. 传播

51. 全高清视频的分辨率为 1920×1080,如果一张真彩色像素的 1920×1080BMP 数字格式图像,所需存储空间是(　　)。

A. 1.98MB　　B. 2.96MB　　C. 5.93MB　　D. 7.91MB

☞**提示**:一个真彩色像素需要占用 24 位(bit)存储。

52. 若对音频信号以 10kHz 采样率、16 位量化精度进行数字化,则每分钟的双声道数字化声音信号产生的数据量为(　　)。

A. 1.2MB　　B. 2.4MB　　C. 1.6MB　　D. 4.8MB

53. 数字媒体已经广泛使用,属于视频文件格式的是(　　)。

A. MP3 格式　　B. WAV 格式　　C. RM 格式　　D. PNG 格式

54. 在声音的数字化过程中,采样时间、采样频率、量化位数和声道数都相同的情况下,所占存储空间最大的声音文件格式是(　　)。

A. WAV 波形文件　　B. MPEG 音频文件

C. Realaudio 音频文件　　D. MIDI 电子乐器数字接口文件

二、填空题

1. $(65.125)_{10}=(\quad)_2=(\quad)_{16}=(\quad)_8$。

2. $(157)_{10}=(\quad)_2=(\quad)_{16}=(\quad)_8$。

3. $(2DE)_{16}$=(　　$)_2$=(　　$)_8$。

4. $(1111101100101110)_2$=(　　$)_{16}$。

5. 十进制小数化为二进制小数的方法是________。

6. 通常把表示一个数的所有二进制位中的________用作符号位。

7. 同十进制数110等值的十六进制数是________,二进制数是________。

8. 在计算机系统中对有符号的数字,通常采用原码、反码和________表示。

9. 在计算机中表示数时,小数点固定的数称为________,小数点不固定的数称为________。

10. 高精度48×48点阵汉字的字模信息需要用________个字节存储。

11. 数字化的图像包括两种,一种是________;另一种是________。

12. 一幅彩色图像的像元是由________三种颜色组成的。

13. 图像又称为________,是由像素点组成的。

14. 当连续的图像变化每秒钟超过________帧以上画面时,人眼将无法辨别单幅的静态画面,看上去是平滑、连续的视觉效果。

15. 所谓MP3指的________标准中的音频部分。

参考答案

一、单选题

1	2	3	4	5	6	7	8	9	10
C	A	D	B	A	A	B	B	A	B
11	12	13	14	15	16	17	18	19	20
B	A	A	A	C	A	D	C	B	C
21	22	23	24	25	26	27	28	29	30
C	D	B	B	B	A	D	D	D	C
31	32	33	34	35	36	37	38	39	40
D	D	B	D	D	A	A	C	D	A
41	42	43	44	45	46	47	48	49	50
A	B	A	C	A	C	C	D	B	B
51	C	52	B	53	C	54	A		

二、填空题

1. 100 0001.001;41.2;101.1

2. 1001 1101;9D;235

3. 10 1101 1110；1336

4. FB2E

5. 乘 2 取整法

6. 最高位

7. 6E；1101110

8. 补码

9. 定点数；浮点数

10. 288

11. 图形；图像

12. R(红)、G(绿)、蓝(B)

13. 位图

14. 24

15. MPEG

第9章 计算机硬件

一、单选题

1. 计算机的指令主要存放在(　　)中。

A. 存储器　　B. 微处理器　　C. CPU　　D. 键盘

2. 计算机系统是由(　　)组成的。

A. 主机及外部设备　　B. 主机键盘显示器和打印机

C. 系统软件和应用软件　　D. 硬件系统和软件系统

3. 通常将运算器和(　　)合称为中央处理器,即CPU。

A. 存储器　　B. 输入设备　　C. 输出设备　　D. 控制器

4. 计算机中的运算器(ALU)能进行(　　)运算。

A. 算术　　B. 字符处理　　C. 逻辑　　D. 算术和逻辑

5. 计算机的工作原理可概括为(　　)。

A. 程序设计　　B. 运算和控制

C. 执行指令　　D. 存储程序和程序控制

6. 存储容量是按(　　)为基本单位计算。

A. 位　　B. 字节　　C. 字符　　D. 数

7. (　　)是用来存储程序及数据的装置。

A. 控制器　　B. 输出设备　　C. 存储器　　D. 输入设备

8. 存储器的容量一般分为KB、MB、GB和(　　)来表示。

A. FB　　B. TB　　C. VB　　D. XB

9. 计算机运算部件一次能够处理的二进制数据的位数称为(　　)。

A. bit　　B. MB　　C. Word　　D. Byte

10. 计算机中指令是由操作码和(　　)组成。

A. 数据　　B. 地址码　　C. 代码　　D. 地址

11. 下列关于指令、指令系统和程序的叙述中错误的是(　　)。

A. 指令是可被CPU直接执行的操作命令

B. 指令系统是CPU能直接执行的所有指令的集合

C. 可执行程序是为解决某个问题而编制的一个指令序列

D. 可执行程序与指令系统没有关系

12. 一台计算机可能会有多种多样的指令,这些指令的集合就是(　　)。

A. 指令系统　　B. 指令集合

C. 指令群　　D. 指令包

13. 一台计算机主要由运算器、控制器、存储器、(　　)及输出设备等部件构成。

A. 显示器　　B. 输入设备　　C. 磁盘　　D. 打印机

14. 在外部设备中,绘图仪属于(　　)。

A. 辅(外)存储器　　B. 主(内)存储器　　C. 输入设备　　D. 输出设备

15. 计算机中既可作为输入设备又可作为输出设备的是(　　)。

A. 打印机　　B. 显示器　　C. 鼠标　　D. 磁盘驱动器

16. 以程序存储和程序控制为基础的计算机结构是由(　　)提出的。

A. 布尔　　B. 冯·诺依曼　　C. 图灵　　D. 帕斯卡

17. 以下关于 CPU 的描述中,(　　)是错误的。

A. CPU 是中央处理单元的简称

B. CPU 能直接为用户解决各种实际问题

C. CPU 的档次可粗略地表示微机的规格

D. CPU 能高速、准确地执行人预先安排的指令

18. 下面对计算机硬件系统组成的描述,不正确的一项是(　　)。

A. 构成计算机硬件系统的都是一些看得见、摸得着的物理设备

B. 计算机硬件系统是由运算器、控制器、存储器、输入设备和输出设备组成

C. U 盘属于计算机硬件系统中的存储设备

D. 操作系统属于计算机的硬件系统

19. 主机板上 CMOS 芯片的主要用途是(　　)。

A. 管理内存与 CPU 的通信

B. 增加内存的容量

C. 储存时间、日期、硬盘参数与计算机配置信息

D. 存放基本输入输出系统程序、引导程序和自检程序

20. 微型计算机的发展是以(　　)的发展为表征的。

A. 微处理器　　B. 软件　　C. 主机　　D. 控制器

21. 计算机硬件中,没有(　　)。

A. 控制器　　B. 文件夹

C. 输入/输出设备　　D. 存储器

22. 下列关于微机硬件构成的正确说法是(　　)。

A. 由 CPU 和 I/O 设备构成

B. 由主存储器、外存储器和 I/O 设备构成

C. 由主机和外部设备构成

D. 由 CPU、显示器、键盘和打印机构成

23. 在计算机中,BUS 是指(　　)。

A. 基础用户系统　　B. 公共汽车　　C. 大型联合系统　　D. 总线

24. 我们通常说的内存条即指(　　)。

A. ROM　　B. EPROM　　C. RAM　　D. PPROM

25. Cache 的功能是(　　)。

A. 数据处理　　B. 存储数据和指令

C. 存储和执行程序　　D. 以上全不是

26. CPU 不能直接访问的存储器是(　　)。

A. ROM　　B. RAM　　C. Cache　　D. 外部存储器

27. 微型计算机的性能主要取决于(　　)的性能。

A. 内存储器　　B. CPU　　C. 外部设备　　D. 外存储器

28. 在使用计算机时,如果发现计算机频繁地读写硬盘,可能存在的问题是(　　)。

A. 中央处理器的速度太慢　　B. 硬盘的容量太小

C. 内存的容量太小　　D. 软盘的容量太小

29. 在关机后(　　)中存储的内容将会丢失。

A. ROM　　B. RAM　　C. EPROM　　D. 硬盘数据

30. 在下列各种设备中,读取数据快慢的顺序为(　　)。

A. RAM、Cache、硬盘　　B. Cache、RAM、硬盘

C. Cache、硬盘、RAM　　D. RAM、硬盘、Cache

31. 微型计算机的分类通常以微处理器的(　　)来划分的。

A. 规格　　B. 芯片名　　C. 字长　　D. 寄存器数目

32. 评定主板的性能首先要看(　　)。

A. CPU　　B. 主芯片组　　C. 主板结构　　D. 内存

33. 显示器必须与(　　)配合使用。

A. 显示卡　　B. 打印机　　C. 声卡　　D. 光驱

34. 不是计算机输出设备的是(　　)。

A. 显示器　　B. 绘图仪　　C. 打印机　　D. 扫描仪

35. USB 3.0 接口的理论最快传输速率为(　　)。

A. 5.0Gbps　　B. 3.0Gbps　　C. 1.0Gbps　　D. 800Mbps

36. 某台微机安装的是 64 位操作系统,“64 位”指的是(　　)。

A. CPU 的运算速度,即 CPU 每秒钟能计算 64 位二进制数据

B. CPU 的字长,即 CPU 每次能处理 64 位二进制数据

C. CPU 的时钟主频

D. CPU 的型号

37. 20GB 的硬盘表示容量约为(　　)。

A. 20 亿字节　　B. 20 亿二进制位

C. 200 亿字节　　D. 200 亿二进制位

38. 小明的手机还剩余 6GB 存储空间,如果每个视频文件为 280MB,那么可以下载到手机中的视频文件数是(　　)。

A. 60　　B. 21　　C. 15　　D. 32

39. 计算机的指令系统实现的运算有(　　)。

A. 数值运算和非数值运算　　B. 算术运算和逻辑运算

C. 图形运算和数值运算　　D. 算术运算和图像运算

40. 现代计算机普遍采用总线结构,包括数据总线、地址总线、控制总线,通常与数据总

线位数对应相同的部件是(　　)。

A. CPU　　B. 存储器　　C. 地址总线　　D. 控制总线

二、填空题

1. 1字节(Byte)等于________个二进制位(bit)。

2. 内存中每个用于数据存取的基本单位,都被赋予一个唯一的编号,称为________。

3. ________是决定一台计算机性能的核心部件,其由________和________组成。

4. 常用来描述计算机的运算速度的指标是每秒钟执行百万条指令数,其英文缩写是________。

5. 主机是指计算机除去输入输出设备以外的主要机体部分,主要包括________器、________器和存储器。

6. 存储器是计算机中的记忆设备,用来存放指令和________。

7. 配置高速缓冲存储器(Cache)是为了解决________与内存之间速度不匹配问题。

8. 总线是CPU与其他部件之间传送数据、地址和控制信息的公共通道。根据传送内容的不同,可分为数据总线、地址总线和________。

9. 用屏幕水平方向上显示的点数与垂直方向上显示的点数的乘积来表示显示器清晰度的指标,通常称为________。

10. CPU内部________的大小以及速度对CPU的性能影响很大。

11. 存储器一般可以分为________和________两大类。

12. 计算机控制器的功能主要是指挥、协调计算机各相关________工作。

13. 计算机向使用者传递计算、处理结果的设备,称为________设备。

14. 可以将数据转换成为计算机内部形式并输送到计算机中去的设备统称为________。

参考答案

一、单选题

1	2	3	4	5	6	7	8	9	10
A	D	D	D	D	B	C	B	C	B
11	12	13	14	15	16	17	18	19	20
D	A	B	D	D	B	B	D	C	A
21	22	23	24	25	26	27	28	29	30
B	C	D	C	B	D	B	C	B	B
31	32	33	34	35	36	37	38	39	40
C	B	A	D	A	B	C	B	B	A

二、填空题

1. 8
2. 地址
3. CPU　运算器　控制器
4. MIPS
5. 运算　控制
6. 数据
7. CPU
8. 控制总线
9. 分辨率
10. 缓存
11. 内存　外存
12. 硬件
13. 输出
14. 输入设备

第10章 计算机软件

一、单选题

1. 计算机软件系统一般包括系统软件和(　　)。
   A. 字处理软件　　B. 应用软件
   C. 管理软件　　D. 科学计算软件
2. 下列软件中属于系统软件的是(　　)。
   A. 航天信息系统　　B. Office 2010
   C. Windows Vista　　D. 迅雷
3. 以下软件中属于计算机应用软件的是(　　)。
   A. Android　　B. Linux　　C. iOS　　D. QQ
4. 人们根据特定的需要预先为计算机编制的指令序列称为(　　)。
   A. 软件　　B. 文件　　C. 程序　　D. 集合
5. 下列计算机程序语言中,不是高级程序设计语言的是(　　)。
   A. Visual Basic　　B. FORTRAN 语言
   C. Python 语言　　D. 汇编语言
6. Java 属于(　　)。
   A. 操作系统　　B. 办公软件
   C. 数据库系统　　D. 计算机程序设计语言
7. 编译程序的最终目标是(　　)。
   A. 发现源程序中的语法错误
   B. 改正源程序中的语法错误
   C. 将源程序编译成目标程序
   D. 将某一高级语言程序翻译成另一高级语言程序
8. 计算机操作系统的主要功能是(　　)。
   A. 管理计算机系统的软硬件资源,以充分发挥计算机资源的效率,并为其他软件提供良好的运行环境
   B. 把高级程序设计语言和汇编语言编写的程序翻译成计算机硬件可以直接执行的目标程序,为用户提供良好的软件开发环境
   C. 对各类计算机文件进行有效管理,并提交给计算机硬件高效处理
   D. 为用户提供方便地操作和使用计算机的环境
9. 下列关于多道程序系统的说法,正确的是(　　)。
   A. 多个程序宏观上并行执行,微观上串行执行

B. 多个程序微观上并行执行,宏观上串行执行

C. 多个程序宏观上和微观上都是串行执行

D. 多个程序宏观上和微观上都是并行执行

10. 进程已经获得了除CPU之外的所有资源并做好了运行准备时的状态是(　　)。

A. 就绪状态　　B. 执行状态　　C. 挂起状态　　D. 唤醒状态

11. 进程与程序之间有密切联系,但又是不同的概念,下面描述错误的是(　　)。

A. 程序是静态概念,进程是动态概念

B. 一个程序可多次执行并产生多个不同的进程

C. 程序可以长期保存,进程随着程序执行完毕而结束

D. 程序和进程可以相互转换

12. 操作系统中负责解决I/O设备速度慢、效率低、不可靠等问题的软件模块是(　　)程序。

A. 文件管理　　B. 存储管理　　C. 设备管理　　D. 处理器管理

13. 即插即用的含义是指(　　)。

A. 不需要BIOS支持即可使用硬件

B. Windows系统所能使用的硬件

C. 安装在计算机上不需要配置任何驱动程序就可使用的硬件

D. 硬件安装在计算机上后,系统会自动识别并完成驱动程序的安装和配置

14. 下列关于设备管理的说法中错误的是(　　)。

A. USB设备支持即插即用

B. USB设备支持热插拔

C. 接在USB口上的打印机可以不安装驱动程序

D. 在Windows中,对设备进行集中统一管理的是设备管理器

15. 下列关于磁盘管理的说法,正确的是(　　)。

A. 磁盘可以不格式化,就能直接使用

B. 磁盘可以不创建分区,就能直接使用

C. 磁盘管理的目的是利用磁盘的所有空间

D. 必须先分区、建立逻辑驱动器、并格式化后磁盘才能使用

16. 在Windows 7操作系统中,磁盘维护包括硬盘的检查、清理和碎片整理等功能,其中碎片整理的目的是(　　)。

A. 获得更多磁盘可用空间　　B. 删除磁盘小文件

C. 改善磁盘的清洁度　　D. 优化磁盘文件存储

17. 在Window 7操作系统中,磁盘清理的目的是(　　)。

A. 获得大量的磁盘可用空间　　B. 提高磁盘存取速度

C. 改善磁盘的清洁度　　D. 删除磁盘分区

18. Windows 7是(　　)。

A. 单用户单任务操作系统　　B. 单用户多任务操作系统

C. 多用户单任务操作系统　　D. 多用户多任务操作系统

19. Windows 是由(   )公司推出的一种基于图形界面的操作系统。

A. IBM　B. Microsoft　C. Apple　D. Intel

20. 通常说文件的名字是由(   )两部分组成。

A. 文件名和扩展名　B. 文件名和基本名

C. 扩展名和后缀　D. 后缀和名称

21. Windows 的"回收站"是(   )。

A. 内存中的一块区域　B. 硬盘上的一块区域

C. 软盘上的一块区域　D. 高速缓存上的一块区域

22. Windows 中用于管理磁盘上的文件和文件夹的是(   )。

A. 程序管理器　B. 资源管理器

C. 控制面板　D. 剪切板

23. 控制面板的作用是(   )。

A. 安装、管理硬件设备　B. 添加/删除应用程序

C. 改变桌面屏幕设置　D. 进行系统管理和系统设置

24. 在 Windows 7 中,关于"剪贴板"的叙述中,不正确的是(   )。

A. 凡是执行"剪切"和"复制"命令后,都可以把选取的信息送到"剪贴板"中

B. 剪贴板中的信息可被复制多次

C. 剪贴板中的信息可以自动保存成磁盘文件并长期保存

D. 剪贴板既能存放文字,也能存放图片等

25. 把当前窗口的信息复制到剪贴板上,可使用组合键(   )。

A. Alt+PrintScreen　B. PrintScreen

C. Shift+PrintScreen　D. Ctrl+PrintScreen

26. 在 Windows 应用程序的某个文档窗口中进行了多次剪切操作,当关闭了该文档窗口后,剪贴板中的内容是(   )。

A. 第一次剪切的内容　B. 最后一次剪切的内容

C. 所有剪切的内容　D. 空白

27. 要查找所有的 BMP 文件,应在"开始"菜单的"搜索程序和文件"文本框内输入(   )。

A. ?.BMP　B. DIR?.BMP　C. DIR *.BMP　D. *.BMP

28. 在 Windows 中,操作的特点是(   )。

A. 先选定操作对象,再选择操作命令　B. 先选定操作命令,再选择操作对象

C. 操作对象和操作命令需同时选择　D. 视具体任务而定

29. 在 Windows 7 的"资源管理器"窗口中,如果想一次选定多个分散的文件或文件夹,正确的操作是(   )。

A. 按住 Ctrl 键,逐个右击选取　B. 按住 Ctrl 键,逐个单击选取

C. 按住 Shift 键,逐个右击选取　D. 按住 Shift 键,逐个单击选取

30. 在 Windows 7 中,"复制"的快捷键是(   )。

A. Ctrl+C　B. Ctrl+A　C. Ctrl+V　D. Ctrl+X

31. 在 Windows 中,撤销前一步操作的快捷键是(   )。

A. Ctrl+C　B. Ctrl+Y　C. Ctrl+V　D. Ctrl+Z

32. 在不同驱动器的文件夹间直接按下鼠标左键拖动某一对象，执行的操作是(　　)。
A. 移动该对象　　B. 复制该对象　　C. 删除该对象　　D. 无任何结果

33. 在 Windows 7 中，为保护文件不被修改，可将它的属性设置为(　　)。
A. 只读　　B. 存档　　C. 隐藏　　D. 系统

34. 在 Windows 7 中，想要关闭无法响应的应用程序时，应按(　　)键，直接启动任务管理器。
A. Ctrl＋Alt＋Del　　B. Ctrl＋Del
C. Alt＋Del　　D. Ctrl＋Shift＋Esc

二、填空题

1. 软件是计算机系统中与硬件相互依存的重要组成部分，通常由程序、________和文档三部分组成。

2. 程序设计语言是人与计算机交流的工具，按照程序设计语言发展的过程，大概分为________语言、汇编语言和高级语言三类。

3. ________控制和管理计算机的所有软件和硬件资源，合理地组织计算机的工作流程，并向用户提供各种服务功能和软件支持，使得用户能够灵活、方便、有效地使用计算机，使整个计算机系统能高效运行。

4. 一个正在执行的程序称为________。

5. ________是用硬盘空间模拟内存。

6. 要安装 Windows 7，系统磁盘分区必须为________格式。

7. 在 Windows 7 系统中，采用________形结构进行文件管理。

8. 在 Windows 7 系统中，文件名最长可以达到________个字符。

9. 在 Windows 7 系统中，“记事本”的默认文件扩展名是________。

10. 在中文 Windows 系统中，默认的中文和英文输入方式的切换方法是按 Ctrl＋________快捷键。

11. 在 Windows 系统操作中，弹出快捷菜单一般单击鼠标________。

12. 在 Windows 操作系统中，Ctrl＋X 是________命令的快捷键。

13. 在 Windows 7 系统中，要直接删除文件而非进入回收站中，正确的做法是按________键的同时按 Delete 键。

14. 若要搜索名字的第二个字母为 b 且扩展名为.c 的文件，应输入________。

15. 打开一个窗口并使其最小化，在________处会出现代表该窗口的按钮。

参考答案

一、单选题

1	2	3	4	5	6	7	8	9	10
B	C	D	C	D	D	C	A	A	A

续表

11	12	13	14	15	16	17	18	19	20
D	C	D	C	D	D	B	D	B	A
21	22	23	24	25	26	27	28	29	30
B	B	D	C	A	B	D	A	B	A
31	32	33	34						
D	B	A	D						

二、填空题

1. 数据
2. 机器
3. 操作系统
4. 进程
5. 虚拟内存
6. NTFS
7. 树
8. 255
9. TXT 或 txt
10. Space 或空格
11. 右键
12. 剪切
13. Shift
14. ?b*.c
15. 任务栏

第11章 实用软件

单选题

1. 在Word文档编辑过程中，如需将特定的计算机应用程序窗口画面作为文档的插图，最优的操作方法是（　　）。

A. 使所需画面窗口处于活动状态，按下PrintScreen键，再粘贴到Word文档指定位置

B. 使所需画面窗口处于活动状态，按下Alt＋PrintScreen组合键，再粘贴到Word文档指定位置

C. 利用Word的插入“屏幕截图”功能，直接将所需窗口画面插入到Word文档指定位置

D. 在计算机系统中安装截屏工具软件，利用该软件实现屏幕画面的截取

2. 在Word文档中，学生“王小敏”的名字被多次错误地输入为“王晓明”“王晓敏”“王晓民”“王晓闵”，纠正该错误的最优操作方法是（　　）。

A. 从前往后逐个查找错误的名字，并更正

B. 利用Word的“查找”功能搜索文本“王晓”，并逐一更正

C. 利用Word的“查找和替换”功能搜索文本“王晓＊”，并将其全部替换为“王小敏”

D. 利用Word的“查找和替换”功能搜索文本“王晓?”，并将其全部替换为“王小敏”

3. 利用Word撰写专业学术论文时，在论文结尾处列出所有参考文献或书目的最优操作方法是（　　）。

A. 直接在论文结尾处输入所参考文献的相关信息

B. 把所有参考文献信息保存在一个单独表格中，然后复制到论文结尾处

C. 利用Word中的“管理源”和“插入书目”功能，在论文结尾处插入参考文献或书目列表

D. 利用Word中的“插入尾注”功能，在论文结尾处插入参考文献或书目列表

4. 将Word文档内容以稿纸格式输出，最优的操作方法是（　　）。

A. 适当调整文档内容的字号，然后将其直接打印到稿纸上

B. 利用Word中的“稿纸设置”功能即可

C. 利用Word中的“表格”功能绘制稿纸，然后将文字内容复制到表格中

D. 利用Word中的“文档网格”功能即可

5. 在Word文档中，将应用了“标题1”样式的所有段落格式调整为“段前、段后各12磅，单倍行距”的最优操作方法是（　　）。

A. 将每个段落逐一设置为“段前、段后各12磅，单倍行距”

B. 将其中一个段落设置为“段前、段后各12，单倍行距”，然后利用格式刷功能将格式复制到其他段落

C. 修改“标题1”样式，将其段落格式设置为“段前、段后各12磅，单倍行距”

D. 利用“查找|替换”功能，将“样式：标题1”替换为“行距：单倍行距，段落间距段前：12磅，段后各12磅”

6. 如果一个Word文档有多页，则为页面添加图片背景的最优的操作方法是（　　）。

A. 在每一页中分别插入图片，并设置图片的环绕方式为“衬于文字下方”

B. 利用水印功能，将图片设为文档水印

C. 利用页面填充效果功能，将图片设置为页面背景

D. 执行“插入”选项卡中的“页面背景”命令，将图片设置为页面背景

7. 在Word中，不能作为文本转换为表格的分隔符是（　　）。

A. 段落标记　　B. 制表符　　C. 逗号　　D. ##

8. 将Word文档中的大写英文字母转为小写，最优的操作方法是（　　）。

A. 执行“开始”选项卡“字体”组中的“更改大小写”命令

B. 执行“审阅”选项卡“格式”组中的“更改大小写”命令

C. 执行“引用”选项卡“格式”组中的“更改大小写”命令

D. 右击，执行右键菜单中的“更改大小写”命令

9. 如果Word文档目录和正文的页码需要分别采用不同的格式，且均从第1页开始，最优的操作方法是（　　）。

A. 将目录和正文分别存在两个文档中，分别设置页码

B. 在目录与正文之间插入分节符，在不同的节中设置不同的页码

C. 在目录与正文之间插入分页符，在分页符前后设置不同的页码

D. 在Word中不设置页码，将其转换为PDF格式时再增加页码

10. 如果某位学生的毕业论文分别请两位老师进行了审阅，每位老师分别通过Word的修订功能对该论文进行了修改。现在，该学生需要将两份经过修订的文档合并为一份，最优的操作方法是（　　）。

A. 在一份修订较多的文档中，将另一份修订较少的文档修改内容手动对照补充进去

B. 请一位老师在另一位老师修订后的文档中再进行一次修订

C. 利用Word比较功能，将两位老师的修订合并到一个文档中

D. 将修订较少的那部分舍弃，只保留修订较多的那份论文作为终稿

11. 某主编开会前正在审阅一本Word书稿，如果他散会后希望能够快速找到上次审阅的位置，在Word 2010中最优的操作方法是（　　）。

A. 下次打开书稿时，直接通过滚动条找到该位置

B. 记住一个关键词，下次打开书稿时，通过“查找”功能找到该关键词

C. 记住当前页码，下次打开书稿时，通过“查找”功能定位页码

D. 在当前位置插入一个书签，通过“查找”功能定位书签

12. 在Word中编辑一篇文稿时，如果需要快速选取一个较长段落文字区域，最快捷的

操作方法是(　　)。

A. 直接用鼠标拖动选择整个段落

B. 在段首单击,按下 Shift 键不放再单击段尾

C. 在段落的左侧空白处双击鼠标

D. 在段首单击,按下 Shift 键不放再按 End 键

13. 某歌手大赛进行总决赛时,计划请 100 家新闻单位进行报道,需要向这些新闻单位发送邀请函,则快速制作 100 份邀请函的最优操作方法是(　　)。

A. 发动所有员工制作邀请函,每个人写几份

B. 利用 Word 的邮件合并功能自动生成

C. 先制作好一份邀请函,然后复印 100 份,在每份上添加新闻单位名称

D. 先在 Word 中制作一份邀请函,通过复制、粘贴功能生成 100 份,然后分别添加新闻单位名称

14. 在 Word 文档中有一个占用 5 页篇幅的表格,如需要使这个表格的标题行都出现在各页面首行,最优的操作是(　　)。

A. 将表格的标题行复制到另外两页中

B. 利用“重复标题行”功能

C. 打开“表格属性”对话框,在列属性中进行设置

D. 打开“表格属性”对话框,在行属性中进行设置

15. 要在 Excel 工作表多个不相邻的单元格中输入相同的数据,最优的操作方法是(　　)。

A. 在其中一个位置输入数据,然后逐次将其复制到其他单元格

B. 在输入区域最左上方的单元格中输入数据,双击填充柄,将其填充到其他单元格

C. 在其中一个位置输入数据,将其复制后,利用 Ctrl 键选择其他全部输入区域,再粘贴内容

D. 同时选中所有不相邻单元格,在活动单元格中输入数据,然后按 Ctrl+Enter 组合键

16. 小彭在 Excel 中整理职工档案,希望“性别”一列只能从“男”“女”两个值中进行选择,否则系统提示错误信息,最优的操作方法是(　　)。

A. 通过 if 函数进行判断,控制“性别”列的输入内容

B. 请同事帮忙进行检查,错误内容用红色标记

C. 设置条件格式,标记不符合要求的数据

D. 设置数据有效性,控制“性别”列的输入内容

17. 不可以在 Excel 工作表中插入的迷你图类型是(　　)。

A. 迷你折线图　　B. 迷你柱形图　　C. 迷你散点图　　D. 迷你盈亏图

18. 小郑从网站上查到了最近一次全国人口普查的数据表格,他准备将这份表格中的数据引用到 Excel 中以便进一步分析,最优的操作方法是(　　)。

A. 对照网页上的表格,直接将数据输入到 Excel 工作表中

B. 通过复制、粘贴功能,将网页上的表格复制到 Excel 工作表中

C. 通过 Excel 中的“自网站获取外部数据”功能,直接将网页上的表格导入到 Excel 工作表中

D. 先将包含表格的网页保存为.htm 或.mht 格式文件，然后在 Excel 中直接打开该文件

19. 小张正在 Excel 中计算员工本年度的年终奖金，他希望与存放在不同工作簿中的前三年奖金发放情况进行比较，最优的操作方法是(　　)。

A. 分别打开前三年的奖金工作簿，将他们复制到同一个工作表中进行比较

B. 通过“视图”选项卡的“全部重排”功能按钮，将四个工作表平铺在屏幕上进行比较

C. 通过并排查看功能，分别将今年与前三年的数据两两进行比较

D. 打开前三年的奖金工作簿，需要比较时在每个工作簿窗口之间进行切换查看

20. 小王在 Excel 中制作了一份通讯录，并为工作表数据区域设置了合适的边框和底纹，她希望工作表中默认的灰色网格线不再显示，最快捷的操作方法是(　　)。

A. 在“页面设置”对话框中设置不显示网格线

B. 在“页面布局”选项卡上的“工作表选项”组中设置不显示网格线

C. 在后台视图的高级选项下，设置工作表不显示网格线

D. 在后台视图的高级选项下，设置工作表网格线为白色

21. 以下 Excel 公式形式错误的是(　　)。

A. ＝SUM(B3:E3) * $F$3　　　　B. ＝SUM(B3:3E) * F3

C. ＝SUM(B3:$E3) * F3　　　　D. ＝SUM(B3:E3) * F$3

22. 以下关于 Excel 高级筛选功能的说法，正确的是(　　)。

A. 高级筛选通常需要在工作表中设置条件区域

B. 利用“数据”选项卡中的“排序和筛选”组内的“筛选”命令可进行高级筛选

C. 高级筛选之前必须对数据进行排序

D. 高级筛选就是自定义筛选

23. 在 Excel 中，希望将工作表“员工档案”从工作簿 A 移动到工作簿 B 中，最快捷的操作方法是(　　)。

A. 在工作簿 A 中选择工作表“员工档案”中的所有数据，通过“剪切、粘贴”功能移动到工作簿 B 中名为“员工档案”的工作表内

B. 将两个工作簿并排显示，然后从工作簿 A 中拖动工作表“员工档案”到工作簿 B 中

C. 在“员工档案”工作表表名上右击，通过“移动或复制”命令将其移动到工作簿 B 中

D. 先将工作簿 A 中的“员工档案”作为当前活动工作表，然后在工作簿 B 中通过“插入、对象”功能插入该工作簿

24. 小李用 Excel 2010 制作了一份员工档案表，但经理的计算机中只安装了 Office 2003，能让经理正常打开员工档案表的最优操作方法是(　　)。

A. 将文档另存为 Excel 97—2003 文档格式

B. 将文档另存为 PDF 格式

C. 建议经理安装 Office 2010

D. 小李自行安装 Office 2003，并重新制作一份员工档案表

25. 李老师制作完成了一个带有动画效果的 PowerPoint 教案,她希望在课堂上可以按照自己讲课的节奏自动播放,最优的操作方法是(　　)。

A. 为每张幻灯片设置特定的切换持续时间,并将演示文稿设置为自动播放

B. 在练习过程中,利用"排练计时"功能记录适合的幻灯片切换时间,然后播放即可

C. 根据讲课节奏,设置幻灯片中每一个对象的动画时间,以及每张幻灯片的自动换片时间

D. 将 PowerPoint 教案另存为视频文件

26. 若需要在 PowerPoint 演示文稿的每张幻灯片中添加包含单位名称的水印效果,最优的操作方法是(　　)。

A. 制作一个带单位名称的水印背景图片,然后将其设置为幻灯片背景

B. 添加包含单位名称的文本框,并置于每张幻灯片的底层

C. 在幻灯片母版的特定位置放置包含单位名称的文本框

D. 利用 PowerPoint 插入"水印"功能实现

27. 邱老师在学期总结 PowerPoint 演示文稿中插入了一个 SmartArt 图形,她希望将该 SmartArt 图形的动画效果设置为逐个形状播放,最优的操作方法是(　　)。

A. 为该 SmartArt 图形选择一个动画类型,然后再进行适当的动画效果设置

B. 只能将 SmartArt 图形作为一个整体设置动画效果,不能分开指定

C. 先将该 SmartArt 图形取消组合,然后再为每个形状依次设置动画

D. 先将该 SmartArt 图形转换为形状,然后取消组合,再为每个形状依次设置动画

28. 小江在制作公司产品介绍的 PowerPoint 演示文稿时,希望每类产品可以通过不同的演示主题进行展示,最优的操作方法是(　　)。

A. 为每类产品分别制作演示文稿,每份演示文稿均应用不同的主题

B. 为每类产品分别制作演示文稿,每份演示文稿均应用不同的主题,然后将这些演示文稿合并为一

C. 在演示文稿中选中每类产品所包含的所有幻灯片,分别为其应用不同的主题

D. 通过 PowerPoint 中"主题分布"功能,直接应用不同的主题

29. 设置 PowerPoint 演示文稿中的 SmartArt 图形动画,要求一个分支形状展示完成后再展示下一分支形状内容,最优的操作方法是(　　)。

A. 将 SmartArt 动画效果设置为"整批发送"

B. 将 SmartArt 动画效果设置为"一次按级别"

C. 将 SmartArt 动画效果设置为"逐个按分支"

D. 将 SmartArt 动画效果设置为"逐个按级别"

30. 在 PowerPoint 演示文稿中通过分节组织幻灯片,如果要求一节内的所有幻灯片切换方式一致,最优的操作方法是(　　)。

A. 分别选中该节的每张幻灯片,逐个设置其切换方式

B. 选中该节的 1 张幻灯片,然后按住 Ctrl 键,逐个选中该节的其他幻灯片,再设置切换方式

C. 选中该节的第 1 张幻灯片,然后按住 Shift 键,单击该节的最后 1 张幻灯片,再

设置切换方式

D. 单击节标题，再设置切换方式

31. 可以在 PowerPoint 同一窗口显示多张幻灯片，并在幻灯片下方显示编号的视图是(　　)。

A. 普通视图　　B. 幻灯片浏览视图

C. 备注页视图　　D. 阅读视图

32. 针对 PowerPoint 幻灯片中图片对象的操作，描述错误的是(　　)。

A. 可以在 PowerPoint 中直接删除图片对象的背景

B. 可以在 PowerPoint 中直接将彩色图片转换为黑白图片

C. 可以在 PowerPoint 中直接将图片转换为铅笔素描效果

D. 可以在 PowerPoint 中将图片另存为.PSD 文件格式

33. 如需要将 PowerPoint 演示文稿中的 SmartArt 图形列表内容通过动画效果一次性展现出来，最优的操作方法是(　　)。

A. 将 SmartArt 动画效果设置为"整批发送"

B. 将 SmartArt 动画效果设置为"一次按级别"

C. 将 SmartArt 动画效果设置为"逐个按分支"

D. 将 SmartArt 动画效果设置为"逐个按级别"

34. 在 PowerPoint 演示文稿中通过分节组织幻灯片，如果要选中某一节内的所有幻灯片，最优的操作方法是(　　)。

A. 按 Ctrl＋A 组合键

B. 选中该节的 1 张幻灯片，然后按住 Ctrl 键，逐个选中该节的其他幻灯片

C. 选中该节的第 1 张幻灯片，然后按住 Shift 键，单击该节的最后 1 张幻灯片

D. 单击节标题

35. 小梅需要将 PowerPoint 演示文稿内容制作成一份 Word 版本讲义，以便后续可以灵活编辑及打印，最优的操作方法是(　　)。

A. 将演示文稿另存为"大纲/RTF 文件"格式，然后在 Word 中打开

B. 在 PowerPoint 中利用"创建讲义"功能，直接创建 Word 讲义

C. 将演示文稿中的幻灯片以粘贴对象的方式一张张复制到 Word 文档中

D. 切换到演示文稿的"大纲"视图，将大纲内容直接复制到 Word 文档中

36. 小刘正在整理公司各产品线介绍的 PowerPoint 演示文稿，因幻灯片内容较多，不易于对各产品线演示内容进行管理。快速分类和管理幻灯片的最优操作方法是(　　)。

A. 将演示文稿拆分成多个文档，按每个产品线生成一份独立的演示文稿

B. 为不同的产品线幻灯片分别指定不同的设计主题，以便浏览

C. 利用自定义幻灯片放映功能，将每个产品线定义为独立的放映单元

D. 利用节功能，将不同的产品线幻灯片分别定义为独立节

37. 在 PowerPoint 中可以通过多种方法创建 1 张新幻灯片，下列操作方法错误的是(　　)。

A. 在普通视图的幻灯片缩略图窗格中，定位光标后按 Enter 键

B. 在普通视图的幻灯片缩略图窗格中右击，从快捷菜单中选择"新建幻灯片"命令

C. 在普通视图的幻灯片缩略图窗格中定位光标，从“开始”选项卡上单击“新建幻灯片”按钮

D. 在普通视图的幻灯片缩略图窗格中定位光标，从“插入”选项卡上单击“幻灯片”按钮

38. 如果希望每次打开 PowerPoint 演示文稿时，窗口中都处于幻灯片浏览视图，最优的操作方法是(　　)。

A. 通过“视图”选项卡上的“自定义视图”按钮进行指定

B. 每次打开演示文稿后，通过“视图”选项卡切换到幻灯片浏览视图

C. 每次保存并关闭演示文稿前，通过“视图”选项卡切换到幻灯片浏览视图

D. 在后台视图中，通过高级选项设置用幻灯片浏览视图打开全部文档

39. 小马正在制作有关员工培训的新演示文稿，他想借鉴自己以前制作的某个培训文稿中的部分幻灯片，最优的操作方法是(　　)。

A. 将原演示文稿中有用的幻灯片一一复制到新文稿

B. 放弃正在编辑的新文稿，直接在原演示文稿中进行增修改，并另行保存

C. 通过“重用幻灯片”功能将原文稿中有用的幻灯片引用到新文稿中

D. 单击“插入”选项卡上的“对象”按钮，插入原文稿中的幻灯片

40. 在 PowerPoint 演示文稿中利用“大纲”窗格组织、排列幻灯片中的文字时，输入幻灯片标题后进入下一级文本输入状态的最快捷方法是(　　)。

A. 按 Ctrl+Enter 组合键

B. 按 Shift+Enter 组合键

C. 按回车键 Enter 后，从右键菜单中选择“降级”

D. 按回车键 Enter 后，再按 Tab 键

参考答案

单选题

1	2	3	4	5	6	7	8	9	10
C	D	D	B	C	C	D	A	B	C
11	12	13	14	15	16	17	18	19	20
D	C	B	B	D	D	C	C	B	B
21	22	23	24	25	26	27	28	29	30
B	A	B	A	B	A	A	C	C	D
31	32	33	34	35	36	37	38	39	40
B	D	A	D	B	D	D	D	C	A

第12章 数据管理与数据库

一、单选题

1. 关于数据库的说法不正确的是(　　)。
   A. 它是一个相互关联的数据集合
   B. 它包含了关于某个企业或组织的信息
   C. 它是信息系统的核心和基础
   D. 它是一种数据管理的软件
2. 关于数据库系统的说法不正确的是(　　)。
   A. 数据库系统是指引入数据库技术后的计算机系统
   B. 狭义地讲,数据库系统就是数据库管理系统
   C. 狭义地讲,数据库系统由数据库和数据库管理系统组成
   D. 广义地讲,数据库系统由数据库、数据库管理系统(及其开发工具)、应用系统、数据库管理员和用户构成
3. 下列不是数据库系统与文件系统本质区别的是(　　)。
   A. 数据库系统实现了整体数据结构化,而文件系统只考虑某个具体应用的数据结构
   B. 数据具有较高的共享性,减少了冗余;文件之间基本不能共享,导致数据冗余度高
   C. 数据库系统中程序与数据的逻辑结构和物理存储相独立,而文件系统中数据逻辑结构与文件结构紧密联系
   D. 数据由数据库管理系统统一管理和控制
4. 下列(　　)不是数据库中数据的主要结构。
   A. 数据文件　　B. 数据字典　　C. 索引　　D. 散列
5. 数据库中存储的是(　　)。
   A. 数据　　B. 数据间的联系
   C. 数据及数据间的联系　　D. 数据模型
6. 下列(　　)是存储在计算机内结构化的数据集合。
   A. 数据库系统　　B. 数据库
   C. 数据库管理系统　　D. 文件
7. 下列(　　)是数据库的两级映像。
   A. 外模式/模式,模式/内模式　　B. 模式/外模式,外模式/内模式
   C. 模式/内模式,内模式/外模式　　D. 外模式/内模式,内模式/安全模式

8. 下列关于数据模型的说法不正确的是(　　)。
   A. 数据模型就是对现实世界数据特征的模拟和抽象
   B. 数据模型是一个描述数据、数据联系、数据语义以及一致性约束的概念工具的集合
   C. 仅反映数据本身
   D. 数据模型是数据库系统的核心和基础,任何一个数据库管理系统均是基于某种数据模型的
9. 实体-联系模型是(　　)。
   A. 概念模型　　B. 逻辑模型　　C. 现实世界　　D. 物理模型
10. E-R 图中,(　　)表示实体集。
   A. 矩形　　B. 双矩形　　C. 椭圆　　D. 线段
11. 属性不可以是(　　)的。
   A. 多值　　B. 单一　　C. 复合　　D. 复制
12. 以下数据库的数据模型中,现今使用的主要的数据模型是(　　)。
   A. 层次模型　　B. 网状模型
   C. 关系模型　　D. 面向对象模型
13. 关系模型是(　　)。
   A. 用关系表示实体　　B. 用关系表示联系
   C. 用关系表示实体及其联系　　D. 用关系表示属性
14. 数据库的物理结构依赖于给定的(　　)。
   A. E-R 模型　　B. 硬件设备和 DBMS
   C. DBMS　　D. 操作系统
15. 数据库逻辑设计的主要任务是(　　)。
   A. 建立 E-R 图和说明书　　B. 创建数据库说明
   C. 建立数据流图　　D. 把数据送入数据库

二、填空题

1. 数据处理的核心问题是________。
2. 数据库系统一般由________________组成。
3. ________是一个描述数据、数据联系、数据语义以及一致性约束的概念工具的集合。
4. 内模式也称________模式,描述了________________。一个数据库只有________个内模式。
5. ________提供了实体集、属性和联系集的表示方法。
6. ________模型是建立在集合代数的理论基础上。
7. 关系模型的数据结构就是一张________________表。
8. ________是数据库系统中最早出现的一种数据模型,它用树形结构来表示各类实体以及实体间的联系。
9. ________不仅去掉了层次模型的两个限制(即允许多个结点没有双亲结点,允许结点有多个双亲结点),还允许两个结点之间存在多种联系。

10. 多个实体之间一对一联系、一对多联系和多对多联系与多个实体两两之间的相应联系是________的。

11. 从逻辑结构的角度进行分类，数据库的数据模型主要有________和________模型。

12. 概念设计中最著名、最实用的方法就是________。

参考答案

一、单选题

1	2	3	4	5	6	7	8	9	10
D	B	A	D	C	D	C	C	A	A
11	12	13	14	15					
D	C	C	B	B					

二、填空题

1. 数据管理
2. 数据库、数据库管理系统(及其开发工具)、应用系统、数据库管理员和数据库用户
3. 数据模型(Data Model)
4. 存储模式；数据库数据复杂的物理结构和存储方式；1
5. E-R 图
6. 关系数据
7. 由行和列组成的二维
8. 层次模型
9. 网状模型
10. 不同
11. 格式化；关系
12. 实体联系方法(E-R 方法)

第13章 计算机网络

一、单选题

1. 以下关于 Internet 互联网的说法中,错误的是(　　)。
   A. Internet 即国际互联网　B. Internet 具有网络资源共享的特点
   C. 在中国称为因特网　D. Internet 是局域网的一种
2. “WWW”就是通常说的(　　)的简称。
   A. 电子邮件　B. 网络广播　C. 万维网　D. 网络电话
3. 以下网络设备中,能够对传输的数据包进行路径选择的是(　　)。
   A. 网卡　B. 网关　C. 路由器　D. 中继器
4. www. njtu. edu. cn 是 Internet 上一台计算机的(　　)。
   A. 域名　B. IP 地址　C. 非法地址　D. 协议名称
5. 下面不属于 OSI 参考模型分层的是(　　)。
   A. 物理层　B. 网络层　C. 网络接口层　D. 应用层
6. OSI 开放式网络系统互联标准的参考模型由(　　)层组成。
   A. 5　B. 6　C. 7　D. 8
7. TCP 协议工作在(　　)。
   A. 物理层　B. 链路层　C. 传输层　D. 应用层
8. 一般情况下,校园网属于(　　)。
   A. LAN　B. WAN　C. MAN　D. Internet
9. 局域网 LAN 是指在(　　)范围内的网络。
   A. 5 千米　B. 10 千米　C. 50 千米　D. 100 千米
10. (　　)不是网络的有线传输介质。
    A. 红外线　B. 双绞线　C. 同轴电缆　D. 光纤
11. 以下不属于无线介质的是(　　)。
    A. 激光　B. 电磁波　C. 光纤　D. 微波
12. 在 Internet Explore 的地址栏中输入了 http:// 127.0.0.1,这指的是(　　)。
    A. 本机地址　B. 整个网络
    C. 某一网站的 IP 地址　D. 无法预测
13. 网络中各结点的互联方式叫作网络的(　　)。
    A. 拓扑结构　B. 协议　C. 分层结构　D. 分组结构
14. 下列不是计算机网络系统的拓扑结构的是(　　)。
    A. 星型结构　B. 总线型结构　C. 单线结构　D. 环型结构

15. HTML 的中文名是(　　)。

A. WWW 编程语言　　B. Internet 编程语言

C. 超文本标记语言　　D. 主页制作语言

16. 统一资源定位符的英文简称是(　　)。

A. TCP/IP　　B. DDN　　C. URL　　D. IP

17. 以下统一资源定位符的写法完全正确的是(　　)。

A. http://www.mcp.com,queque.html

B. http://www.mcp.com.queque.html

C. http://www.mcp.com/que/que.html

D. http://www.mcp.com/que/que

18. 超文本的含义是(　　)。

A. 可以包括文本之外的图形　　B. 可以传递声音文件

C. 可以播放电影　　D. 可以与其他文本链接

19. 万维网的网址以 http 为前导,表示遵从(　　)协议。

A. 纯文本　　B. 超文本传输　　C. TCP/IP　　D. POP

20. 下列各项中,不能作为域名的是(　　)。

A. www.aaa.edu.cn　　B. ftp.buaa.edu.cn

C. www,bit.edu.cn　　D. www.lnu.edu.cn

21. Internet 采用域名地址的原因是(　　)。

A. 一台主机必须用域名地址标识

B. 一台主机必须用 IP 地址和域名共同标识

C. IP 地址不能唯一标识一台主机

D. IP 地址不便于记忆

22. Internet 采用的通信协议是(　　)。

A. SMTP　　B. FTP　　C. POP3　　D. TCP/IP

23. 下列 IP 地址正确的是(　　)。

A. 202.202.1　　B. 202.2.2.2.2

C. 202.112.112.1　　D. 202.257.14.13

24. IP 地址用(　　)字节表示。

A. 2　　B. 3　　C. 4　　D. 8

25. 下面不是上网方式的是(　　)。

A. ADSL 拨号上网　　B. 光纤上网

C. 无线上网　　D. 传真

26. 下列选项中,对于一个电子邮箱地址书写正确的是(　　)。

A. @263.net　　B. 2008BJ@263.net

C. WWW.263.net　　D. 2008BJ#263.net

27. 电子邮件是 Internet 应用最广泛的服务项目,通常采用的传输协议是(　　)。

A. SMTP　　B. TCP/IP

C. CSMA/CD　　D. IPX/SPX

28. 在 Internet 上,计算机之间的文件传输使用的协议是(　　)。
    A. HTTP　　B. FTP　　C. Telnet　　D. NEWS
29. 用户可以使用(　　)命令检查当前 TCP/IP 网络中的配置情况。
    A. ping　　B. ftp　　C. telnet　　D. ipconfig
30. Internet Explorer 浏览器能实现的功能不包含(　　)。
    A. 资源下载　　B. 阅读电子邮件
    C. 编辑网页　　D. 查看网页源代码
31. 下列(　　)是计算机网络的功能。
    A. 文件传输　　B. 设备共享
    C. 信息传递与交换　　D. 以上均是
32. Internet 网站域名地址中的 gov 表示(　　)。
    A. 政府部门　　B. 商业部门　　C. 网络服务器　　D. 一般用户
33. 在 Internet Explorer 中,如果发现一些很有吸引力的站点或网页,希望以后快速登录到这个地方,应该使用(　　)按钮。
    A. 主页　　B. 搜索　　C. 收藏　　D. 历史
34. 病毒通过(　　)途径传播到您的计算机上。
    A. 通过受感染的软盘　　B. 通过打开受感染的电子邮件附件
    C. 通过在网络上共享受感染的文档　　D. 以上全部
35. 密码学中,发送方要发送的消息称作(　　)。
    A. 原文　　B. 密文　　C. 明文　　D. 数据
36. 计算机病毒是(　　)。
    A. 一段计算机程序或一段代码　　B. 细菌
    C. 害虫　　D. 计算机炸弹
37. 发现计算机病毒后,最佳的清除方式是(　　)。
    A. 用反病毒软件处理　　B. 格式化磁盘
    C. 用酒精涂擦计算机　　D. 删除磁盘文件
38. 文件型病毒传染的对象主要是(　　)类文件。
    A. .DBF　　B. .DOC
    C. .COM 和.EXE　　D. .EXE 和.DOC
39. 抵御计算机病毒的最重要措施是(　　)。
    A. 使用防病毒软件　　B. 吃感冒药
    C. 禁止其他人使用您的计算机　　D. 使用 Microsoft Update
40. 计算机病毒的危害性表现在(　　)。
    A. 能造成计算机器件永久性失效
    B. 影响程序的执行,破坏用户数据与程序
    C. 不影响计算机的运行速度
    D. 不影响计算机的运算结果,不必采取措施
41. 造成计算机中存储数据丢失的原因主要是(　　)。
    A. 病毒侵蚀、人为窃取　　B. 计算机电磁辐射

C. 计算机存储器硬件损坏　　D. 以上全部

42. 不是计算机病毒预防的方法是(　　)。

A. 及时更新系统补丁　　B. 定期升级杀毒软件

C. 开启 Windows 7 防火墙　　D. 清理磁盘碎片

43. 关于电子邮件,下列说法错误的是(　　)。

A. 必须知道收件人 E-mail 地址　　B. 发件人必须有自己的 E-mail 账户

C. 收件人必须有自己的邮政编码　　D. 可以使用 Outlook 管理联系人信息

二、填空题

1. Internet 为联网的每个网络和每台主机都分配了唯一的地址,该地址由纯数字组成并用小数点分隔,将它称为________。

2. Internet 上目前使用的 IPv4 地址采用________位二进制代码。

3. 在互联网中,为了把各单位、各地区大量不同的局域网进行互连必须统一采用________通信协议。

4. HTTP 是一种________传输协议。

5. 计算机网络按其所覆盖的地理范围可分为________和广域网。

6. WWW(World Wide Web)的中文名称为________。

7. 目前世界上最大的计算机互联网是________。

8. 202.112.144.75 是 Internet 上一台计算机的________地址。

9. 在 Internet 中用于文件传送的服务是________。

10. 计算机互连的主要目的是实现________。

11. 在计算机网络中,通信双方必须共同遵守的规则或约定称为________。

12. Internet 上最基本的通信协议是________。

13. 常见的拓扑结构有星型、环型、树型、网型和________。

14. 用户要想在网上查询 WWW 信息,必须安装并运行一个被称为________的软件。

15. 某用户的 E-mail 地址是 Lu-sp@online.sh.cn,那么该用户邮箱所在服务器的域名是________。

参考答案

一、单选题

1	2	3	4	5	6	7	8	9	10
D	C	C	A	C	C	C	A	B	A
11	12	13	14	15	16	17	18	19	20
C	A	A	C	C	C	C	D	B	C

续表

21	22	23	24	25	26	27	28	29	30
D	D	C	C	D	B	A	B	D	C
31	32	33	34	35	36	37	38	39	40
D	A	C	D	C	A	A	C	A	B
41	42	43							
D	D	C							

二、填空题

1. IP 地址或 IPv4 地址
2. 32
3. TCP/IP
4. 超文本
5. 局域网
6. 万维网
7. 因特网或 Internet
8. IP
9. FTP 或 FTP 服务
10. 资源共享
11. 通信协议
12. TCP/IP
13. 总线型
14. 浏览器
15. online. sh. cn

参考文献

[1] 李凤霞. 大学计算机实验[M]. 北京：高等教育出版社，2013.

[2] 蒋加伏，沈岳. 大学计算机实践教程[M]. 5版. 北京：北京邮电大学出版社，2017.

[3] 解红. 大学计算机实践教程[M]. 北京：高等教育出版社，2017.

[4] 龚沛曾，杨志强. 大学计算机上机实验指导与测试[M]. 7版. 北京：高等教育出版社，2017.

图书资源支持

感谢您一直以来对清华版图书的支持和爱护。为了配合本书的使用，本书提供配套的资源，有需求的读者请扫描下方的“书圈”微信公众号二维码，在图书专区下载，也可以拨打电话或发送电子邮件咨询。

如果您在使用本书的过程中遇到了什么问题，或者有相关图书出版计划，也请您发邮件告诉我们，以便我们更好地为您服务。

我们的联系方式：

地　　址：北京市海淀区双清路学研大厦 A 座 701

邮　　编：100084

电　　话：010－62770175－4608

资源下载：http://www.tup.com.cn

客服邮箱：tupjsj@vip.163.com

QQ：2301891038（请写明您的单位和姓名）

资源下载、样书申请

书圈

扫一扫，获取最新目录

用微信扫一扫右边的二维码，即可关注清华大学出版社公众号“书圈”。